短视频实

从入门到精通

策划、拍摄、剪辑、推广与运营

宋坚昂 ◉ 编著

人 民 邮 电 出 版 社

北 京

图书在版编目（CIP）数据

短视频实战从入门到精通 ：策划、拍摄、剪辑、推广与运营一本就够 / 宋坚昂编著. -- 北京 ：人民邮电出版社，2023.10
ISBN 978-7-115-59948-3

Ⅰ. ①短… Ⅱ. ①宋… Ⅲ. ①视频制作 Ⅳ. ①TN948.4

中国版本图书馆CIP数据核字(2022)第160295号

内容提要

本书按照短视频的制作流程，对短视频的定位策划、拍摄制作、运营推广等方面进行了详细讲解。

本书共 11 章，主要内容包括短视频的创作准备、账号设计、策划方法，脚本、标题、文案的撰写技巧，拍摄、剪辑的实操要点，以及发布、引流、运营与数据分析的方式方法。

本书内容翔实，案例丰富，实操性强，可作为短视频和新媒体传播实践工作者的学习用书，也可作为各类院校或培训机构市场营销、企业管理、商业贸易、电子商务、新媒体等相关专业的教学用书。

◆ 编　　著　宋坚昂
责任编辑　牟桂玲
责任印制　王　郁　胡　南

◆ 人民邮电出版社出版发行　　北京市丰台区成寿寺路 11 号
邮编　100164　　电子邮件　315@ptpress.com.cn
网址　https://www.ptpress.com.cn
涿州市般润文化传播有限公司印刷

◆ 开本：787×1092　1/16
印张：13.75　　2023 年 10 月第 1 版
字数：305 千字　　2023 年 10 月河北第 1 次印刷

定价：79.90 元

读者服务热线：(010)81055410　印装质量热线：(010)81055316
反盗版热线：(010)81055315
广告经营许可证：京东市监广登字 20170147 号

前言 PREFACE

为何要写这本书

短视频从风靡大众的娱乐手段，发展到具有引流带货、营销推广、品牌打造、内容输出等多项功能的强有力的传播工具，仅仅用了不到3年的时间。移动网速的提升、智能手机的普及为短视频的火爆带来了物质技术基础，而短视频火爆的根本原因则是短视频在很多方面均能满足当代社会的需求。

一方面，无论是年轻人还是中老年人，都可以通过短视频获取知识、社交娱乐、展示自我……另一方面，播主们可以用短视频吸纳用户，MCN（Multi-Channel Network，多频道网络）机构可以用短视频实现盈利，品牌主可以用短视频进行品牌宣传推广……短视频为人们的生活、学习、工作提供了新工具和新方式。与此同时，越来越多的人看中了短视频这座“金矿”，试图跻身其中，分一杯羹，但短视频领域已过了流量红利的阶段，没有专业知识、经验技巧以及营销思维，普通人几乎无法在短视频领域立足。

基于这种情况，编者萌生了为短视频创作者提供帮助的想法，希望能编写一本具有专业价值、实操性强的工具书，帮助短视频和新媒体创作者、运营人员夯实基础，全面学习和提升短视频创作和运营技能。编者通过搜集大量资料，对上百个热门短视频账号进行研究，并与数十名成功的短视频创作者或运营人员直接沟通、交流经验，经过一年多时间的整理与提炼，编撰成书，以飨读者。

本书特色

1. 内容丰富，理论与实操并重

本书详细讲解短视频的策划、拍摄、引流、运营等方面的专业知识、关键流程和实操技巧，内容翔实又不乏深度，具有较强的系统性与实操性，能够帮助读者快速掌握短视频从入门到盈利的全流程及核心技能。

2. 经验分享，贴心提点

本书特设“名师提点”“高手私房菜”等栏目，其内容都是众多优秀的短视频创作者及新媒体工作者在实践中总结和提炼出的宝贵经验和操作技巧，不仅能加强读者对重点内容的理解和把握，还能引导读者以新思路、新方式去思考短视频的创作与运营方法。

3. 图解操作，易学易懂

本书涉及的部分操作，均配合图解的方式进行视觉化的讲解，零基础读者也可以轻松上手、举一反三。

4. 视频教程+PPT课件，全程辅导

本书配套提供了所涉及App和软件工具操作的高清教学视频，视频内容清晰、直观，并

配有语音讲解。同时，还提供了本书的PPT课件，方便读者学习或教学使用。

特别说明

本书中的所有案例仅用于知识点的举例讲解，编者并非要为涉及的个人或企业品牌做宣传和推广，也不对个人或企业所宣称的商品功效的真实性和安全性负责。

致谢

本书在编写的过程中，引用了很多短视频账号和播主的视频图片作为经典案例分享，在此对这些短视频账号和播主表示衷心的感谢！另外，还要特别感谢孙连三老师，他的摄影作品丰富了本书的内涵和视觉效果。

由于编者能力有限，对于本书的错漏之处还望读者谅解并不吝指正。我们的邮箱：muguiling@ptpress.com.cn。

编者

目录 CONTENTS

第1章 快速了解短视频

本章导读

科技变革会带来媒体变革，而全新的媒体变革则会渗入大众的生活，逐渐改变人们的行为习惯。当今短视频的流行，就好比50年前的电视风潮，不仅带动了营销方式的全面创新，也从根本上改变了大众的主流娱乐方式。

对于想要进入短视频行业的读者朋友来说，本章能帮助大家快速了解短视频的基本情况以及常见的短视频类型，选择适合自己的短视频平台。

本章学习要点

- 短视频的商业价值与变现方式
- 短视频的常见类型
- 高质量短视频的共同特点
- 九大流行短视频平台的特点

1.1 短视频的火热现状

当下是短视频时代。只要是智能手机用户，几乎人人都在享受短视频带来的乐趣，而短视频也已成为各大商家角逐的新战场。

1.1.1 短视频已成互联网新风口

如果说 2016 年是直播元年，那么 2017 年就是短视频的元年。经过数年的沉淀与发酵，短视频迅猛发展的势头有目共睹，它的火爆程度超乎想象。据统计，截至 2022 年 12 月，我国的短视频用户为 10.12 亿[1]，用户使用率高达 94.8%。

这些年来，在行业迅猛发展的过程中，各大短视频平台存优汰劣，发挥自身所长，不断探寻自己鲜明的特征，市场在多元化竞争态势下逐渐分化为大众化用户阵营和垂直用户阵营两大部分。

大众化用户阵营主打全民化，以抖音、快手为典型代表。作为短视频平台的主力，大众化阵营的短视频平台将市场布局逐步从一二级城市市场向低级别市场扩展，与央视、地方卫视等媒体合作，全民化平台使得受众更为广泛。

垂直化用户阵营如美拍等，则瞄准年轻用户群体，利用年轻人喜爱拍摄、分享、互动的特征，深化其在年轻群体中的影响力。

由于短视频能在碎片化时间内为用户提供即时满足，浏览短视频已经成为许多人生活中的重要消遣手段。据统计，64% 的用户每天浏览短视频的时长在 1 小时以上，58% 的用户每天浏览短视频的时长为 1~3 小时，浏览时间主要集中在午休及晚间休闲娱乐时间[2]。

从用户群体的年龄段来说，青年用户群体日浏览时长相较中年用户群体更长，时段也更为集中。而中年用户群体也开始慢慢养成浏览短视频的习惯，使用时间分散在一天中的各个时段。

目前，用户浏览短视频的目的如图 1-1 所示。

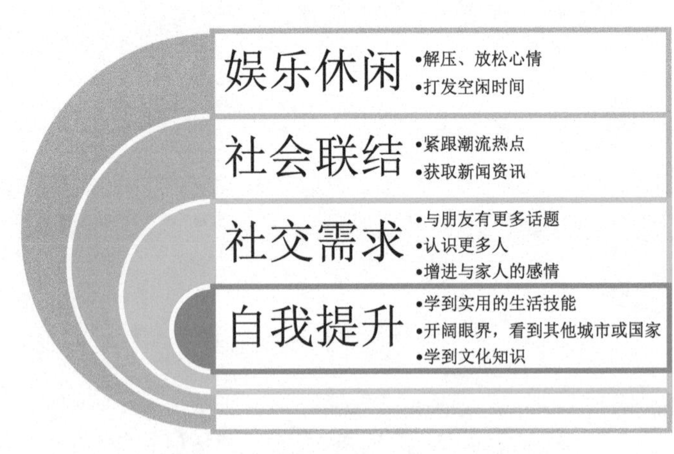

▲ 图1-1 当下用户浏览短视频的目的

1.1.2 短视频的商业价值

短视频庞大的用户基数与超强的感染力决定了它不容小觑的商业价值。与传统卖货相比，短视频将人、事、物直接带到了消费者面前，一些抓住时机入驻短视频平台的商家们，在短时间内创造了销售奇迹。

1 数据来源于中国互联网络信息中心（CNNIC）在京发布的第51次《中国互联网络发展状况统计报告》。

2 数据来源于原创力文档知识分享平台在2021年1月22日发布的《2020—2021年短视频白皮书》。

短视频之所以能快速地发展，主要是因为其具有以下商业价值。

1. 观赏性强

短视频的表达形式与MV十分相似，但其内容的丰富程度却远超MV。MV的核心是歌曲，人物表演仅是歌曲的视觉辅助，以赋予歌曲故事性。但短视频却不一样，其核心内容与功能的多样化，使其能做到“海纳百川”，具有极强的观赏性。

2. 社交性强

智能手机越发完善的功能使得人们可以随时随地对喜欢的视频进行点赞、评论、转发甚至翻拍。于是，营销与被营销之间的互动性增强。与此同时，短视频社区的各项功能也在鼓励人们分享短视频，并分享对某段短视频的看法。正是这种人与视频的强互动性，不断地推动着短视频向前发展。短视频的评论区与转发界面如图1-2所示。

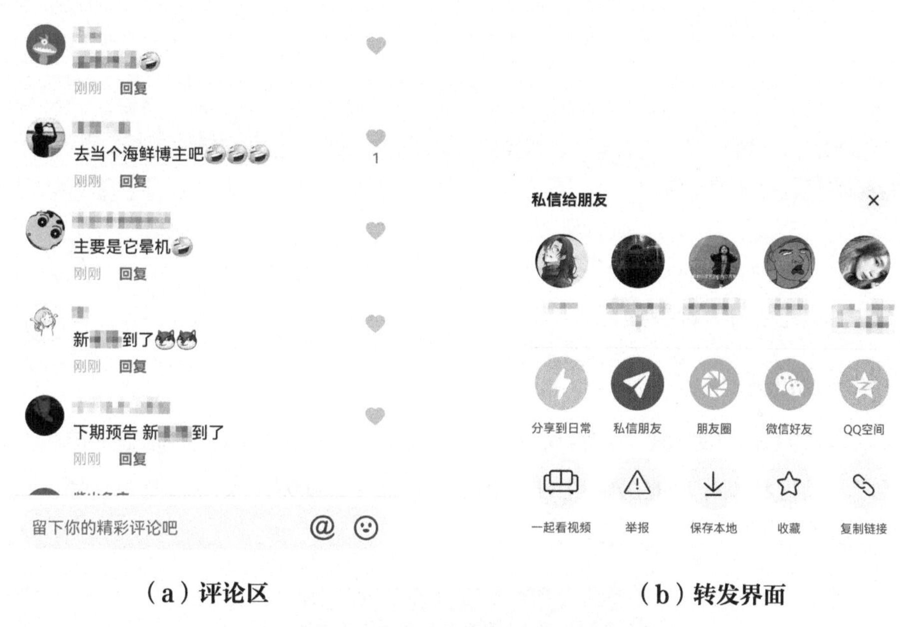

（a）评论区　　（b）转发界面

▲ 图1-2　短视频的评论区与转发界面

在图1-2所示的短视频评论区可以看到，每一位浏览视频的用户都可以留言，与其他用户进行互动。同时，短视频创作者也可以在评论区与用户进行沟通。

此外，用户可以在短视频的转发界面将短视频转发给App内的好友等，还可以将短视频分享至其他平台，例如微信朋友圈、QQ空间等。

3. 营销策划专业化

2016年，“MCN”这一模式骤然兴起。资本的大量涌入、头部媒体的迅速扩张，也成就了一些MCN巨头。这一现象的出现，主要是因为短视频行业的爆发式成长。

名师提点

MCN（Multi-Channel Network，多频道网络）是一种新的网红经济运作模式。这种模式旨在将不同类型和内容的PGC（Professional Generated Content，专业生产内容）联合起来，在资本的有力支持下，保障短视频等形式的内容能够持续输出，从而实现商业的稳定变现。

抖音等短视频平台为MCN公司提供流量养料，为其萌芽及迅速成长搭建了良好的生态环境。而MCN公司也因其组织化、规模化的优势成为众多内容生产者的不二选择，它们专业探索关于短视频行业的下一步风向，从而孵化出迎合市场需求的高质量视频内容。

4. 传播渠道多样化

短视频小而精，这让它能够在许多不同的平台上大放异彩。除了大家熟悉的短视频App外，不管是今日头条这样的资讯类平台，还是微博、微信之类的社交平台，甚至是淘宝、天猫这类购物平台，都有短视频的身影。

名师提点

除了电商外，传统的实体企业都可以利用短视频这种新型渠道对企业进行宣传。同时个人IP的打造也离不开短视频的推广与运营。

不仅是各大平台，短视频也活跃在大众的身边。公共交通的电视，商场外的大屏幕，只要是能播放视频的地方，都有短视频的身影。

1.1.3 短视频的变现方式

在瞬息万变的互联网时代，短视频作为流量的入口，已成为商家品牌或产品推广及获客的重要手段。短视频创作者的最终目的是变现，即通过短视频来实现其商业价值。目前，短视频的主流变现方式如图1-3所示。

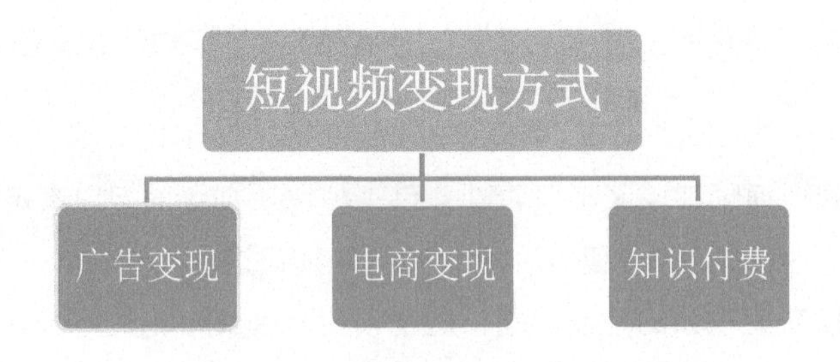

▲ 图1-3 短视频的主流变现方式

1. 广告变现

当今时代，广告已经成为商家推广品牌或产品最直接的形式。短视频坐拥大量用户，自然也成了众商家争抢的流量宝地。广告主要包括冠名广告、植入广告、贴片广告、品牌广告、浮窗广告等5种形式。区别于传统的“硬广”，在短视频领域，与粉丝基础深厚的头部账号达成合作，带动流量变现，才是品牌营销的主流方式。

这类广告合作的主要方式是，将合作品牌最具有代表性的视觉符号或某款产品自然而然地融入短视频剧情中，在不引起观众反感的基础上，力求结合剧情给观众留下印象，以达到推广营销的目的。例如，在短视频故事中，巧妙地植入商品及其相关介绍。

2. 电商变现

电商可以分为一类电商和二类电商。一类电商即淘宝、天猫、京东、拼多多等综合性电商平台；而二类电商则是为一类电商导流的平台，例如开通了电商入口的短视频平台，在短视频平台上发布短视频作品时可以插入与之相关的电商平台（淘宝等）的商品链接，从而实现内容引导消费的一种营销模式。现在，像抖音这样的短视频平台也开通了自己的商城，实现了平台内的电商功能。

电商变现通常可以分为带货和导流两种变现模式。

（1）带货变现模式。

在这种模式下，大部分播主会通过与淘宝联盟合作，以淘宝客的身份进行营销，并收取一定佣金。但一款高佣金或本身质量十分不错的产品一定会有许多播主对其进行推广，如果播主要在众多推广者中脱颖而出，取得良好的销售成绩，就需要摆脱同质化，将自己的个性融入推广视频中，并充分展现商品的特色，这样才能吸引消费者购买。

还有一些网店或个人直接在短视频平台开设小店，如在抖音上开通抖音小店或开通卖货橱窗等。

名师提点

短视频平台除了短视频带货外，还具有高互动性、高参与性的直播功能。短视频和直播已成为目前最受欢迎的带货模式。

（2）导流变现模式。

短视频是一个巨大的流量池，它可以将流量聚集并人为地引导到其他平台进行管理、转化和变现。例如导入微信群、QQ 群，以及第三方自主开发的 App 社群，然后为粉丝进行产品介绍，并引导粉丝购买。其中，所有交易都通过第三方社交软件进行。这种模式有以下优点。

- 客源稳定，便于管理。进入第三方社区的群体皆为短视频账号长期经营下积累的精准客户，在推广成功后，该社群的成员即为第二次销售的潜在客户，可持续运营，继续推广其他商品。社群的形式与短视频相比较为封闭，更便于管理。
- 受众精准，成交率高。由于只有对短视频内容感兴趣的观众才会进入社群，因此群内的成员基本上都是播主的精准客户，对播主推出的商品比较认可。这在无形中过滤掉了大部分无效客户，成交率也较高。
- 反馈及时，便于调整经营策略。基于社群的自由社交属性，群内成员（消费者）对商品的反馈能及时被播主方了解，便于播主方进行售后服务及相关处理。这有利于播主方随时调整经营策略，维护社群的黏性。

- 推广成本低，便于测试新款。如果播主方需要对某款商品进行小范围测试，可以利用已经成型的社群来进行，这样既能立即了解客户的反响，又能节约推广成本。

名师提点

线下培训企业、餐饮企业都是采用线上线下相结合的营销模式进行营销的，通过发布客户感兴趣的短视频来引导客户到线下进行消费。

在短视频平台中，播主在视频里直接展示自己其他平台的账号显然是不合适的。于是播主们通常会将其他社交平台的账号用同音字、字母，甚至是便于联想的表情代替，这样既便于粉丝了解账号信息，又不会被平台判定违规，轻松达到引流的目的。

3. 知识付费

知识付费是指利用播主或其团队的专业知识，以课程或咨询等形式，让观众进行付费，达到变现目的的一种方式。目前，这类短视频方兴未艾，其潜力不可小觑。知识付费主要有两大类型：课程付费与咨询付费。

近几年，以知识学习为主要内容、课程购买为最终目的的课程付费短视频的热度逐渐攀升。利用大众重视教育的心理，这类视频往往先引入某种现实情境，让观众感同身受，再表达学习某项技能的必要性，引领观众的思维，最后抛出课程优惠，把握住观众的心态变化，让观众迅速进入链接购买课程。

咨询付费则是借助短视频这一便利的传播工具，拉近了专业咨询与公众的距离。

例如，在短视频中播主用文字与图片相结合的方式，开门见山地罗列出他方能够提供的咨询范畴。同时，界面中有一个非常显眼的弹窗，其中有一个“查看详情”按钮，点击此按钮则会进入预约咨询界面。

1.2 短视频上手前必知

要想玩转短视频，需要超强的行动力和全方位的把控力。拥有这种把控力的前提是对短视频各方面情况很了解，如短视频的常见类型、视频与流量的关系、拍摄的禁忌等。只有了解了这些信息，才能做到“有勇有谋”，在短视频领域闯出自己的一片天地。

1.2.1 常见的短视频类型

随着短视频行业的迅猛发展，各类爆款短视频如雨后春笋般涌现出来，这些短视频都有各自的特色和看点，它们凭借精彩的内容来吸引观众观看，从而得到观众的喜爱与追捧。下面分别介绍几种常见的短视频类型的特点，如图 1-4 所示。

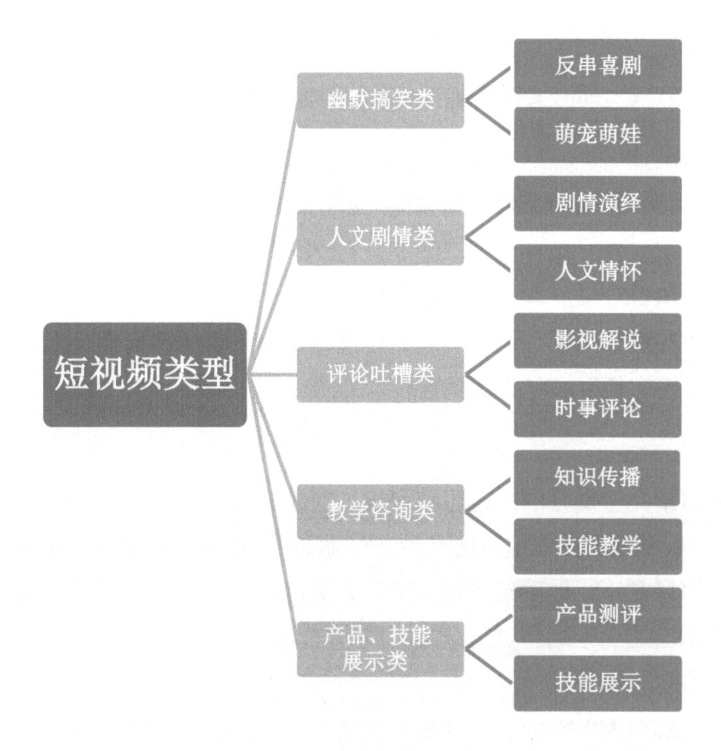

▲ 图1-4 常见的短视频类型

1. 幽默搞笑类

幽默搞笑类短视频是短视频类型中受众最广的一类。观众时常能在短视频首页的“推荐”栏目中浏览到反串喜剧和萌宠萌娃等视频，这都属于幽默搞笑类短视频。这类短视频的内容强调娱乐性，轻松搞笑，能够引起大多数观众的兴趣，让观众在紧张的生活中感到放松。

因此，幽默搞笑类短视频很早就成了短视频领域中的“红海”，当这类账号泛滥时，富有创意的策划和足够新颖的笑料，就成了制胜的关键。

此外，如果你有创意，那么相对来讲，形式就不那么重要。通俗点来说，如果你能有创意十足的笑料，即使你的视频质量稍微差一点，也能获得不错的播放量。

2. 人文剧情类

人文剧情类短视频主要分为剧情演绎与人文情怀两大类。在主流短视频平台中，许多以剧情演绎为主要内容的账号获得了非常多的点赞数。这类视频大都采用真人出镜的形式，演绎一段剧情，使观众产生代入感和共鸣。

与剧情演绎类不同，人文情怀类短视频的受众范围相对狭窄。例如，一段内容深刻的人物访谈就很难让一位涉世未深的青少年耐心观看。

3. 评论吐槽类

影视解说、音乐评论、时事评论、娱乐八卦等，这些以一个人或几个人对某一事件或作品发表自己的见解为主要内容的短视频，统称为评论吐槽类短视频。这类短视频即使没有真人出镜也能达到评论或吐槽的目的，其重点在于吐槽的内容需要与视频调性相符，不论是犀利刁钻，还是沉稳大气，都需要根据账号一贯的风格来确定。

4. 教学咨询类

教学咨询类短视频主要分为教学与咨询两种形式。在物质日益丰富的今天，人们越来越关注自身的精神世界，教学类视频可以让观众在学习与工作之余收获自己感兴趣的知识，而咨询类短视频则更包罗万象，其中，情感咨询短视频是该领域十分火爆的一种短视频类型。

除此之外，依靠课程售卖与咨询变现的短视频也属于教学咨询类短视频，只是此二者往往提供相较于免费短视频更加专业的服务。

5. 产品、技能展示类

产品、技能展示类短视频的内容可深可浅。往浅处走，是各类小窍门的展示与生活用品测评；往深处走，则是技能教学与科技产品的专业测评。在互联网时代，各类商品琳琅满目。其中，科技产品更是在不断地更新迭代，观众无法将每一件喜欢的产品都买回家亲身体验，而产品、技能展示类短视频则将试用产品的成本与风险“转嫁”到了播主们身上，播主们也以此产出内容，供观众欣赏。

技能展示类短视频大大缩减了观众的学习成本，只需在短视频 App 内进行相关技能的关键词搜索，各种风格不同的教学视频即可呈现在观众眼前，观众可自行选择跟谁学、用什么方法学，打破了传统教学的单一形式。

1.2.2 高质量短视频的特点

短视频的流量高低由多种因素共同决定，如账号权重、点赞数量、发布时间、视频情节等。但短视频本身的质量才是决定视频是否火爆的关键。通过对大量高质量短视频的调研，笔者发现高质量的短视频往往具有以下五大特点。

1. 锦上添花的“美”

不管是何种类型的短视频，高颜值的出镜人员和令人心旷神怡的视频背景，都是固定加分项。在真人出镜的短视频中，漂亮的女播主或帅气的男播主，抑或是美景、美食等，都能击中观众的“爱美之心”。与“美”相关的短视频内容如图 1-5 所示。

在内容有保证的情况下，锦上添花的“美”能为短视频带来极大的助力。但初入短视频领域的策划人员也应当注意，充实的内容是短视频的核心，如果仅仅只有“美”，时间一长，也会被观众厌倦。举例来说，如果短视频账号主推剧情，那么最重要的是视频的故事性，即讲故事的能力，而不是面容姣好的演员。

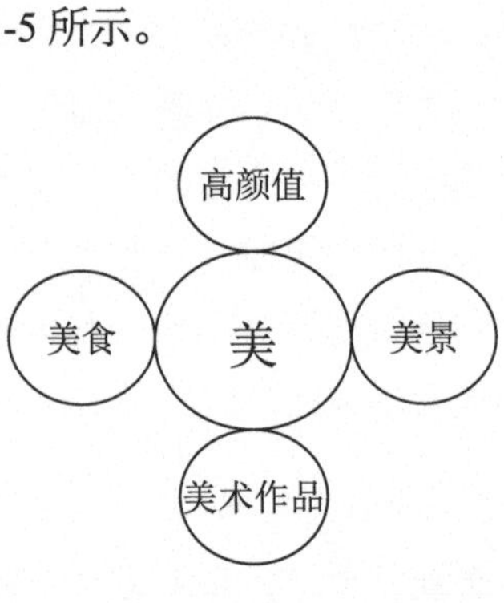

▲ 图1-5 与“美”相关的短视频内容

2. 无处不在的幽默

短视频时间不长，为了充分抓住观众的眼球，需要视频中不断地出现“高潮”。因此，适当地加入幽默元素充当调动观众情绪的笑点，成了短视频策划的万能公式。从另一个角度来说，幽默元素也有助于增强短视频的感染力。

3. 角色代入，引起共鸣

迅速让观众产生强烈的代入感是高质量短视频的重要特点。这类视频往往能做到让观众在观看视频时产生“这不就是我吗”的共鸣感，那么在无形之中就与观众建立了情感纽带，从而打动观众。剧情类的短视频专精于用一个情感故事演绎出千万观众的悲欢，于是观众们总能有感而发，留下评论，短视频的点赞量也因此水涨船高。容易引起观众共鸣的短视频内容如图 1-6 所示。

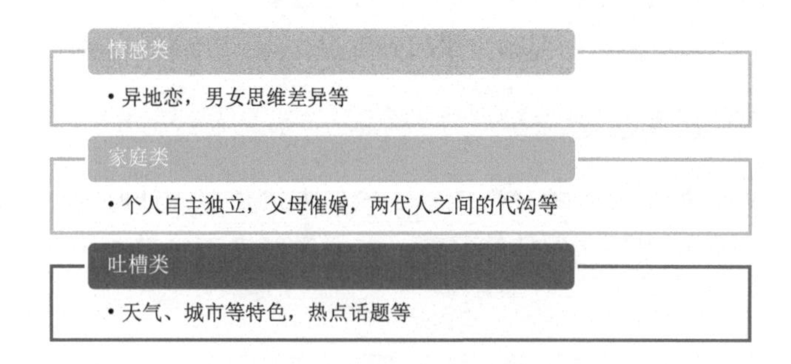

▲ 图1-6 容易引起共鸣的短视频

4. 有价值的内容

高质量短视频的内容通常都具有一定的价值，对某类人群一定是有用的。例如，科普类短视频对于普通民众而言，具有一定的文化价值；叠上衣小窍门的短视频，可以帮助需要整理衣物的人节约收纳空间，具有很强的实用价值。有价值的短视频，其内容往往能陶冶观众的情操，或提升观众某方面的技能等。

5. 征服观众耳朵的配乐

短视频与图文相比，其生动之处就在于有了“声音”。观众时常听到的短视频里的人声对话、其他物体发出的声音，或是后期配乐，都是短视频的“声音”。在这些声音里，配乐是十分值得说道的一种类型。高质量短视频的配乐一定是与短视频内容搭配得十分得当的，配乐给人的感觉一定与短视频的意境相符，并能进一步渲染情绪。

例如，在一段结局并不圆满的剧情故事里，可以用悲伤的歌曲进行铺垫；在萌宠出镜的短视频中，则可以运用时下热门的搞怪或欢乐的配乐。短视频用“声音”征服观众的耳朵，用画面“抓住”观众的眼球，二者的双重作用使观众沉浸其中、乐在其中。

1.2.3 短视频与直播的流量关系

主流短视频 App 中，往往拥有短视频与直播两大板块，那么二者的流量关系是怎样的呢？以抖音平台为例，流量通过短视频与直播间两个不同的入口进行分配。这一分配机制的具体规则为，即便是一个坐拥千万粉丝的播主账号，在初次进入直播间时，其粉丝数也并不是以千万计的，而是从零开始重新计算。

虽然在这种特殊机制下，短视频与直播板块的流量被区分开来，但事实上，二者的关系是被迫分流，却又互相联系。

当账号发布一条短视频作品时，平台会给予账号 400 ~ 500 个基础流量。直播间同理。当账号的直播间初次开播时，平台就会为账号引入一定的基础流量，之后根据直播成绩再次引入适量的流量，增加直播间的曝光。

从用户角度来说，短视频引入的流量是可以为直播带来流量的。当喜爱的账号进行直播时，观众大概率也会点击进入该账号的直播间。同理，喜欢观看某账号直播的观众，也会在账号主页点击其发布的短视频进行观看，为短视频带去完播率，甚至是点赞率、评论率与转发率。由此可见，高质量的直播也能对短视频流量起到促进作用，二者相互关联，密不可分。

1.2.4 短视频领域五大禁忌

短视频用户多如牛毛，每个账号都做到了吸引大批粉丝关注吗？当然不是。想要在众多同质化的账号中脱颖而出，做到持续经营，账号经营者首先需要了解短视频领域的五大禁忌。

1. 切忌违反法律、道德及平台的规定

法律、道德的底线是所有行业的经营者都不能触碰的，账号经营者切忌出于猎奇等目的，发布违反法律、违背道德的视频内容。除此之外，短视频平台也会出台相关规定，例如不能在平台中贩卖药物、保健品等规定，违者轻则账号降权，重则封号。短视频账号经营者切勿以身试法。

2. 切忌定位不清，内容混乱

短视频账号不是微信朋友圈，不能想到什么就发布什么，而是需要保证发布内容的垂直性。例如，美食账号发布的内容要与食物相关，否则会对账号的标签推荐、流量分发等造成影响，最终导致粉丝难以积累，无法获得高流量。

3. 切忌更新不及时，发布时段和频次过于随意

短视频账号需要用有规律的更新来培养用户的观看习惯。另外，不同标签的受众，在短视频平台活跃的时间段也不同。例如，在工作日的 9:00 ~ 11:30 和 14:00 ~ 18:00，上班族很难毫无顾忌地观看短视频，这时，以这部分群体为主要受众的账号发布短视频就很难获得高流量。

4. 切忌输出的视频内容质量差、无观赏性

短视频领域的发展目前已经进入“精耕细作”的阶段，在这个阶段，内容是决定视频质量高低的根本要素。不具备观赏性，对观众又毫无帮助的短视频，很难获得高流量。

5. 切忌搬运、盗用他人视频的非原创行为

翻拍视频与搬运视频是截然不同的，在某话题或事件热门时，播主对其进行翻拍是没有问题的。但若是直接搬运、盗用他人的视频，或是对非本人素材进行简单的二次加工（如视频拼接、仅添加/更换背景音乐、倍速等），则不仅违背了平台的规定，平台将不予或减少推荐，而且也会侵犯他人的著作权。

1.3 选择合适的短视频平台

随着短视频直播行业的迅猛发展，很多优秀的短视频平台涌现，这些短视频平台各有特色。那么用户应该如何选择适合自己的短视频平台呢？下面将分别介绍各短视频平台的特点和推广政策，便于读者根据自己的需求选择合适的短视频平台。

1.3.1 短视频平台的特点

1. 平台介绍

当今“短视频”已成为众人口中的高频词汇，短视频营销、短视频创业、短视频带货、Vlog 等成为企业和个人都涉足的领域。各类不同的短视频平台有着不同的属性，下面简要介绍目前较热门的短视频平台，以供读者了解。

（1）抖音。

抖音是北京字节跳动科技有限公司旗下的一款短视频社交软件，于 2016 年 9 月上线。抖音以“记录美好生活”为口号，拥有短视频与直播两大内容板块，一上线就受到众多年轻人的青睐。

抖音的界面设计十分简洁，其播放界面如图 1-7 所示。

▲ 图1-7 抖音2022年8月的播放界面

❶ 播放界面的上端从左到右罗列了 6 个按钮选项：“发布”“位置”“关注”“逛街”“推荐”“搜索”。

❷ 播放界面中间最大的区域为视频播放区，短视频标题通常置于视频的上端区域。视频播放区的右侧从上到下罗列了 5 个按钮选项：“直播”“点赞”“评论”“收藏”“转发”。

❸ 播放界面的下端从左到右罗列了 5 个按钮选项：“首页”“朋友”“+”“消息”“我”。

名师提点

用户打开App后，抖音默认展示“推荐”选项的播放界面。抖音系统会根据算法直接向用户推荐用户可能喜爱的短视频。另外，如果播主开通了小黄车，在视频播放区的左下方就会出现一个购物的小黄车图标。

在抖音中，没有明显的“播放”与“暂停”按钮。在视频播放过程中，如果用户想要暂停，可点击屏幕中的空白位置，再次点击即可继续播放。

在抖音中，视频与视频之间的切换采取的也是无缝衔接的模式，用户如果想浏览下一条视频，只需用手指向上轻轻一划。这种与“刷微博”类似的、没有“尽头”的浏览设置，很容易让用户沉迷其中，对抖音“上瘾”。

名师提点

抖音现在已成为企业、个人直播电商的聚集地，是商家争夺流量的重要阵地，也是商家或个人获取网络流量的一大入口。

（2）快手。

快手是北京快手科技有限公司旗下的一款手机 App。该公司成立之初，尝试过探索许多不同的发展路径。2012 年的重大转型，才让它正式踏入“短视频社区”行列。与此同时，快手也推出了全新的定位：着重于记录被主流媒体忽视的普通人的生活。快手的界面设计在更新后，抛弃了原有的“封面展示型”，新版本的界面与抖音十分相近，如图 1-8 所示。

▲ 图1-8　快手2022年8月的首页与视频暂停界面

快手坚持不对某一特定群体进行运营，所有用户都可以用快手来记录生活中有意思的人或事。不论是有影响力的公众人物，还是普通个人，在进入快手后获得的平台待遇都是一模一样的。平等地对待每一位用户，也许这正是快手能在短时间内迅速占领三四线城市市场的重要原因之一。

名师提点

与抖音一样，快手也具有强大的直播带货功能，为许多商家或个人，特别是为三四线城市和农村的商家或个人开辟了更为广阔的网络宣传市场。

（3）抖音火山版。

抖音火山版是一款由北京微播视界科技有限公司开发的手机视频社交软件，以视频拍摄和视频分享为主。

抖音火山版诞生于短视频软件“满天飞”的时期，但仍然能在短视频领域获得一席之地，原因在于它与市面上其他短视频软件相比，拥有无法比拟的独特之处，具体如下。

- 基于精准的大数据算法，为用户提供个性化内容推送。
- 提供直播功能和K歌功能，实现功能多元化。
- 推出了一系列与短视频相关的扶持计划，如15秒感动计划、百亿流量扶持创作者计划、10亿元补贴计划等。

建议还没有涉足太多短视频领域、创作能力较为欠缺的创作者，在抖音火山版中尝试运营。如果是已经在抖音上有所深耕的播主，抖音火山版也可以作为一个同步窗口来进行运营和推广。

（4）西瓜视频。

西瓜视频的前身是头条视频，是今日头条平台下的一个内容产品。西瓜视频独辟蹊径，以横版视频与1分钟以上的视频为主。在西瓜视频中，用户可以分门别类地观看短视频，甚至是电影、电视剧等。

西瓜视频的定位与其他短视频 App 不同，这也使得西瓜视频在功能上拥有其他短视频 App 所不具有的特色，具体如下。

- 基于西瓜视频与今日头条平台的关联，新媒体团队可以通过今日头条平台的后台进行短视频的运营和推广，这是西瓜视频的优势和特点之一。
- 除了普通的短视频内容的分享与观看，用户还可以在西瓜视频上观看热播的电视剧和一些独家版权的电影。

不同于头条系其他视频平台，目前西瓜视频对 Vlog 和“三农”领域的支持力度较大，同时也上线了很多教程供创作者学习。如果创作者想涉足 Vlog 和“三农”领域，可以优先选择西瓜视频。

（5）微视。

微视是腾讯旗下的短视频创作和分享平台。作为腾讯的战略级产品，微视一直在不断更新和研发新功能，甚至能在QQ这一社交软件上找到入口。

微视的内容运营和推广，是基于品牌口号“发现更有趣”而开展的。从某些方面来看，微视与抖音有着很多的相似之处，当然，也存在一些不同。

- 在短视频拍摄界面，微视的“美化”功能包括4项内容，相对于其他App多了“美妆”和“美体”两项内容，且在美化拍摄主体方面，其功能呈现出更加细化和多样化的特征。
- 微视的“定点”功能和“防抖”功能也是微视短视频拍摄的亮点之一，新媒体团队可以利用微视的“定点”和“防抖”功能，拍摄出画面更稳定的短视频作品。

（6）好看视频。

好看视频是百度旗下的一款App，其内容展现形式十分丰富，包括直播、小程序、长视频等。同时，好看视频涵盖的视频内容也十分丰富，除了常见的“搞笑”“影视”“音乐”等大众化类别，还设有“教育”“军事”“科技”等个性化类别。

值得一提的是，好看视频中有许多优质的自制内容，包括自制热点原创内容、自制脱口秀栏目等。

好看视频的界面设置非常全面且细致，用户打开App后，在首页即可浏览系统推荐的短视频，并且界面中被置顶的短视频会自动进行播放。

当用户进入首页后点击正在播放的视频时，该视频画面会在画面中心显示暂停键，在画面下方显示静音按钮、进度条，以及横屏查看按钮。如果用户选择横屏观看视频，那么视频会占满横屏界面，在这一模式中，用户可以通过上下滑动来切换视频。

（7）秒拍。

秒拍是由炫一下（北京）科技有限公司推出的短视频分享App，它的定位是“最新潮”短视频分享App。

与知名演艺人员合作向来是秒拍的主要特色。许多知名演艺人员都曾为秒拍助阵，并合作拍摄了宣传海报和短视频，为秒拍吸引了无数用户。除此之外，秒拍还具有以下特色。

- 秒拍采用了扁平化的设计风格，使用更加简单、便捷，核心曝光资源更加优质。
- 秒拍提供了多种内容创造形式，例如图片加视频的内容创作形式，全面支持“横屏高清4K观看+竖屏手持沉浸体验”等。
- 秒拍的社交关系来源于微博的大数据，而在这之上建立的全新互动玩法和运营方式，也是秒拍的特色所在。

秒拍也是潮人生活类的垂直领域平台。如果创作者的能力和想涉足的领域与此相关，秒拍是一个不错的平台。其他类型的创作者可以将其作为分发平台使用。

（8）美拍。

美拍是一款集直播、视频拍摄和视频后期处理等功能于一身的手机App，后期处理功能是其专属特色。

当用户进入美拍的首页后，App中时不时地会弹出“围观窗口”，用户可以根据“围观窗口”的提示性内容决定是否“去围观”，如果对其感兴趣，可以直接点击“去围观”按钮进入链接。

美拍面世之初，就受到了短视频用户的青睐，它的上线可以说助推了短视频拍摄的流行。后来一众知名演艺人员入驻美拍，在这些知名演艺人员的带动下，美拍的用户越来越多。

美拍主打“美拍＋短视频＋直播＋社区平台”的综合化功能，从视频拍摄到分享，它形成了一条完整的生态链。

美拍可以说是一个以女性为主的泛生活类的垂直类平台，因此，其非常适合美妆、美食、健身、穿搭等类别的短视频创作。如果创作者的能力和涉足领域与此切合，美拍是一个可以深耕的短视频平台。

（9）哔哩哔哩。

哔哩哔哩（bilibili）现为我国年轻一代高度聚集的文化社区和视频平台，被粉丝们亲切地称为“B站”。哔哩哔哩早期是一个ACG（动画、漫画、游戏）内容创作与分享的视频网站。

哔哩哔哩最大的特点在于它极富生命力的“弹幕文化”，它提供3种常用的弹幕模式：滚动弹幕、顶端弹幕、底端弹幕。用户可以利用弹幕发表自己的见解或想法。

哔哩哔哩围绕UP主[1]、用户、内容三方面进行运营，拥有一些技术和文化上的优势，其UP主上传的文件质量较高，粉丝的忠诚度也非常高。哔哩哔哩十分关注用户的体验感，对用户所反馈的问题能做到及时处理，视频的审核速度也非常快。

如果创作者对视频内容有较强的驾驭能力，能精确地把控年轻一代用户的需求，可以尝试在高用户黏性的哔哩哔哩进行深耕。

2. 平台特点

不同的短视频平台，由于用户属性、平台结构的不同而各有特点。目前，市面上9个主流短视频平台的特点如表1-1所示。

表1-1 主流短视频平台的特点

平台	用户特点	平台特点	日活用户	直播端口	呈现方式
抖音	年轻、时尚的女性用户居多，且多为一二线城市的用户	多元化，智能推荐算法，平衡流量、内容、用户、产品之间的关系，提升商业变现、内容生产能力，放大达人的影响力	约4亿	有	竖屏为主
快手	三四线城市、真实热爱分享的群体	多元化，依托算法打通推荐和关注的协同关系，更新速度快	约3亿	有	竖屏为主
抖音火山版	三四线城市的用户为主	对标快手，内容更接地气，更适合大众化品牌和人群，功能易上手	约5000万	有	竖屏为主

1 UP主是指在视频网站、论坛、FTP站点等上传视频/音频文件的人。

续表

平台	用户特点	平台特点	日活用户	直播端口	呈现方式
西瓜视频	一线、新一线、二线城市的“80后”和“90后”用户为主	基于人工智能算法，为用户推荐适合的内容，内容频道丰富，影视、游戏、音乐、美食、综艺五大类频道占据半数视频量	约5000万	有	横屏
微视	大学生、职场新人、白领群体为主	基于影像的社交平台，功能丰富，容易上手	/	无	竖屏为主
好看视频	三四线城市的用户为主，年龄层多样化	在技术方面，可以实现视频分发的无痕化，优化用户的体验感；在视频场景识别方面，百度信息流已经实现了机器自动分类	约1.1亿	有	横屏
秒拍	二三线城市的用户为主，年轻群体居多	短视频社交平台，功能容易上手，潮人集中社区，与新浪战略合作，打通微博	/	无	横屏
美拍	女性用户居多，尤其是美妆、美食、穿搭等泛生活类的年轻群体用户	年轻人喜欢的视频社交平台，美妆类垂直领域优势比较大	/	有	竖屏为主
哔哩哔哩	二次元文化垂直类人群，以“90后”“00后”为主力用户群体	聚合类视频平台，泛二次元文化社区，领先的年轻人文化社区	约6000万	有	横竖屏都有

3. 平台推广政策

不同的短视频平台，在推广细则方面既有相同，又有不同。大部分短视频平台都会更偏向于标签明确、关键词清晰、视频内容与热门话题重合度更高的短视频，而在具体偏好方面，由于各平台的受众各有特点，因此各平台也有自己的推广偏好。下面仅介绍抖音、快手、好看视频和美拍这 4 个平台的推广政策，其他平台就不一一介绍了。

- 抖音：领域垂直、风格鲜明、精细化的内容更容易被推广。
- 快手：与热门标签匹配度高，视频发布频率稳定，接地气的内容更容易被推广。
- 好看视频：由于用户年龄层较分散，因此受众精准、标签明确的内容更易被推荐。
- 美拍：以女性用户为主，领域明确，内容精细的视频更容易被推广。

名师提点

运营人员只有全面熟悉各大平台的推广政策，才能在众多短视频平台中挑选出最适合自己产品的推广渠道，也才能达到更好的推广效果。

1.3.2 选择平台需考虑的三大因素

了解了主流短视频平台的特点和推广政策后，创作者或运营人员就可以根据自身的特点来挑选一个适合的短视频平台。在选择平台时可以从平台调性、资源获取，以及平台规则这几方面进行考虑。

1. 平台调性

每个平台都有各自的属性及特点，平台的用户也是如此。例如，今日头条的男性用户偏多，科技类、汽车类内容会更占优势；美拍的用户定位更偏向于年轻女性，适合进行美妆类、时尚类栏目的投放。创作者或运营人员在选择平台前，应当认真思考自身短视频的定位及营销的目的，全面了解各平台调性与用户特点，判断其与自身的目标用户是否吻合。这些都是选择一个平台前需要考虑的基本内容。

2. 资源获取

进入一个平台后，是否能获取好的资源关乎账号的生存。随着越来越多的创作者入驻，平台的要求也越来越严格，创作者或运营人员需要充分考量自身内容与视频调性能否在对应的平台获取充分的资源，平时也需要加强这方面的运营。

3. 平台规则

调性一致的内容会更加受到平台的欢迎。但有时，平台也会有自己的规则，所以，创作者或运营人员需要在保证内容调性的基础上进行自我调整，使视频更加符合平台的要求。在进行多平台分发时，视频的剪辑要求也应视不同平台而定。

除此之外，创作者或运营人员在选择要入驻的短视频平台时，要更多地考虑自身内容的生产能力、平台属性、平台支持力度、平台变现路径等因素，选择一至两个主力短视频平台深耕，其他短视频平台作为分发平台来操作。另外，如果创作者的综合创作能力比较强、时间比较宽裕，可以针对不同短视频平台的属性、活动、用户来创作不同的内容。

名师提点

在成本有限的情况下，创作者或运营人员可以选择与部分平台进行合作，将自己的栏目授权给这些平台发行。这种做法不仅节省了人力，还扩大了栏目在多个渠道的影响力。另外，创作者或运营人员也要注重多渠道并行发展，不将“鸡蛋”都放在同一个“篮子”里。如此，可以避免账号出现意外时一切积累都化为乌有。

1.4 有粉丝≠有流量≠能变现

许多创作者或运营人员认为，在短视频平台中，只要账号的粉丝数量足够庞大，就一定能获取更多的流量，更快地实现流量的变现。其实，这是一种不正确的观点，真实的情况是，无论是在短视频领域还是在直播领域，拥有粉丝并不等于拥有流量，更不等于变现。

从拥有一定量的粉丝基础，到持续掌控流量，再到实现变现，其实是三个不同的环节，甚至是三件完全不同的事。打下粉丝基础是短视频账号的第一件事，这时，经过初期的摸索，创作者或运营人员应当已经掌握了一定的短视频技巧，对自己的账号定位以及受众群体做到心中有数。但这与后期短视频流量是否持续走高并无直接联系。

粉丝量再大的账号也难以保证发布的每条短视频都能火爆，作为初耕领域的创作者或运营人员，当下的任务应当是明确自己的账号人设，不断挖掘优质选题，并密切关注粉丝的需求变化，将每一次新视频的发布都当作第一次，认真对待，从中积累经验。

变现是粉丝愿意为播主产出的内容买单的结果。想要做到这一点，需要不断地维护粉丝，提高粉丝的忠诚度。创作者或运营人员需要在同类领域中不断摸索，并持续输出用户喜爱的优质内容，才能提高账号的可信度，获得高品质的产品推广合作的机会，最终实现变现的目的。

任何一个短视频账号的成功都是来之不易的，不管是前期的粉丝积累，还是从粉丝到有效流量的转化，再到精准客户的培养，每一步都需要付出极大的努力，都可能会遇到挫折。创作者或运营人员需要不断探索，不断精进，才能收获成功。

1.5 高手私房菜

1. 什么是UGC、PGC

在与短视频相关的工作中，制作人员时常会接触到一些英文缩写专业名词，例如 UGC、PGC 等。那么这些专业词汇到底有什么含义呢?

UGC，全称为 User Generated Content，意为用户生产内容，指用户将自己生产的内容通过网络平台进行传播的活动。显然，UGC 是 Web 2.0 时代的新兴产物，用户不再只是观众，而是兼具传播者、接受者双重身份。目前，抖音、快手的视频创作，微博分享等都是 UGC 的主要应用形式。

PGC，全称为 Professional Generated Content，意为专业生产内容，泛指内容个性化、视角多元化、传播民主化、社会关系虚拟化的传播活动。优酷是最早发力于 PGC 的视频网站之一。

2. 哪些人适合“玩”短视频

短视频行业如此火热的一大原因是，它几乎没有门槛，所有对其感兴趣的人都可以通过短视频分享生活、工作和学习。但有一部分人却天生更加适合“玩”短视频，这类人的特点是“有个性”“有趣”“有干货”。

“有个性”，指玩家具有鲜明的性格特点。在当今这个推崇个性化的时代，性格有棱角，不做墙头草，就容易被人喜欢。这类玩家通常具有广阔的见识，或不一样的生活体验，能对各类热点或事物发表自己独特的看法。

“有趣”，特指玩家在幽默方面具有独特的天赋。即便在短视频类型越来越多的今天，幽默仍然是不变的母题，具有这类天赋的玩家，不论拍摄哪种类型的短视频都十分占优势。

“有干货”，指玩家具备吸引用户的真功夫。这方面自是不必多说，在短视频领域通过“绝活”吸引大量用户的案例不胜枚举，真材实料才能长久地吸引用户。

3. 通过4类短视频渠道看懂全行业

短视频渠道可以简单理解为短视频的流通线路，按照平台特点和属性进行细致划分，可以将短视频渠道划分为 4 类，分别是在线视频渠道、资讯客户端渠道、社交平台渠道、垂直类渠道。

（1）在线视频渠道。

这类渠道的播放量往往通过搜索和编辑推荐来获得。例如，在搜狐视频、优酷视频、爱奇艺、腾讯视频、哔哩哔哩等平台，如果视频获得了一个很好的推荐位置，那么其播放量一定会有显著的提升。也可以参考部分微电影，上线后在各个渠道进行广告投放，以此获取潜在的观看用户，从而使得观众在对应的网站主动搜索，获得更多流量。

（2）资讯客户端渠道。

资讯客户端大多通过平台的推荐算法来获得视频播放量。类似今日头条、天天快报、一点资讯、网易新闻客户端、UC 浏览器等，都是利用这种推荐算法机制将视频打上多个标签，并推送给相应的用户群体。目前这类推荐机制被应用在许多平台，如网易云音乐、淘宝等。

（3）社交平台渠道。

目前，国内常用的社交平台主要包括微信、微博、QQ 三大类。社交平台是人们社交的工具，方便结识更多有相同兴趣的人，也是各路创作者的必争之地。社交平台的重要性在于，它搭建了一个中转站，让用户能在网络上找到你或你的内容，这也是连接用户、广告主及商务合作的通道。因此，短视频的创作者或运营人员一定要在调性相符的社交平台搭建专属于自己账号的阵地。

（4）垂直类渠道。

垂直类渠道的涌现几乎是水到渠成了，“教育＋短视频”“汽车＋短视频”“旅游＋短视频”等，无不证明了短视频超强的感染力，而主商品的热销也反哺了短视频的流量。目前，电商平台是垂直类平台的典范，如淘宝、蘑菇街等，它们通过短视频，帮助用户更全面地了解商品，从而促进用户购买。

第2章 入行之初要做的工作

本章导读

“不积跬步，无以至千里”。短视频的运营是一条需要不断规划、长期积累的道路，在入行之初，创作者们便已经逃不开巨细无遗的准备工作。这些准备工作包括：了解短视频平台考核与审核制度、团队分工及工作流程，搭建短视频团队，培养新账号，掌握热点的运用方法。

短视频的前期准备工作看似简单，实则影响深远，它决定账号能否成功和持续成功。本章将详细讲解新手需要做的各项准备工作和做这些工作的意义。通过本章的学习，读者可以快速掌握短视频平台的审核机制，以及培养新账号和运用热点的方法，为后期蓄力。

本章学习要点

- 短视频平台考核与审核制度
- 抖音热门视频审核机制
- 短视频团队的10种分工
- 3种典型的短视频团队配置
- 培养新号的方法
- 热点的概念及如何利用热点

2.1 深入了解平台考核与审核制度

在入驻短视频平台之前，了解平台规则非常重要，这关乎账号在平台能否长久生存。只有严格地遵守平台规则，深入了解平台考核与审核制度，明确什么样的短视频能受到平台的青睐，你的短视频才能被更多的观众看到，才能吸引更多的目标人群。

2.1.1 四大正反馈考核维度

短视频平台往往通过 4 个正反馈的维度对视频进行考核。简单来说，这 4 个维度就相当于 4 个判断标准，且标准越高，平台对视频的“评分”也就越高。短视频的四大正反馈考核维度如图 2-1 所示。

▲ 图2-1 短视频的四大正反馈考核维度

1. 完播率

完播率是指在一定时间内，完整播放视频的次数与视频播放的总次数之比，表示观看视频的人中，喜爱视频并将其观看完毕的比率，也可以简单地理解为短视频对目标人群的吸引程度。完播率的计算公式如下：

完播率 = 完整播放视频的次数 ÷ 视频播放总次数 × 100%

2. 点赞量

点赞量是指视频在特定时间内收获点赞的总数量，它体现了用户对视频的认可程度。高点赞量可以将视频送入更高级别的流量池，将视频推荐给更多用户观看。

3. 评论量

评论量是指一定时间内视频留言的总数量，这个维度的数值可以反映视频选题的受欢迎程度，以及用户对于视频话题的讨论欲望。

4. 转发量

转发量是指视频在一段时间内被转发的总次数，是体现用户分享行为的直接指标，同时可以反映用户对于视频所表达的观点的认可程度，或对于视频内容是否具有共鸣。另外，转发量高的视频，通常带来的新增用户量较多。

2.1.2 短视频作品质量自检

平台会主动对所有短视频进行检测与考核，以判断短视频的质量。而为了短视频能获得更好的数据，作为制作人员，更需要对短视频进行质量自检，以保证每一条短视频都是精品。制作人员可以从以下 7 个方面进行质量自检。

- 信息有效。视频内容是否让用户觉得有用或有趣，或能使用户产生共鸣。

- 信息关联。视频内容是否与目标用户具有很高的关联度。
- 内容趣味。视频内容是否足够有趣，能让用户耐心看完。
- 行动成本。视频内容对用户而言，是否是可以轻松完成的。
- 发生频次。视频内容是否是用户频繁发生的难题。
- 内容持续。视频内容是否为可持续延伸的内容。
- 内容价值。视频内容是否能轻松落地，解决用户的实际问题。

不同领域不同类型的短视频制作人员，均可以从以上 7 个方面来制作属于自己的质量自检清单，在自身能力范围内做到尽善尽美。

2.1.3 抖音热门视频审核机制

短视频平台都有一套专门的审核机制来判断短视频是否能被送上热门，获得更多用户的浏览。以抖音为例，热门视频的审核机制较为复杂，主要有五大审核环节，其中，每个环节又包括不同的阶段。

1. 视频画面、标题、关键词审核

从一段短视频被上传到平台开始，它就自动进入了抖音的视频审核机制。首先，这段视频会面临机器检测，检测的目的是判断视频的画面、标题、关键词是否违规。如果未发现违规，则直接进入下一个审核环节。反之，如果发现违规内容，则进入人工检测阶段。

在人工检测阶段，抖音将再次检测视频的标题、封面，甚至关键帧等，以确认账号是否存在违规。如果经过机器与人工两次检测，确实发现视频存在违规现象，则给予删除视频甚至封禁账号的处罚。如果在人工检测时发现账号并未违规，则进入下一审核环节。

2. 视频内容重复审核

几乎没有一个短视频平台会对短视频搬运视而不见，这是对原创的不尊重，同时也不利于短视频内容多样性的发展。因此，在确认视频并不存在违规行为后，抖音的第二步，就是审核视频内容是否重复，即视频内容是否为原创。

在这一环节，抖音将对视频进行画面消重和关键词匹配，如果未发现重复内容，则结合关键词，为视频匹配 200~300 位在线用户，进入下一审核环节——用户反馈审核。

若发现该视频内容存在重复的情况，疑似抄袭或搬运，该视频则难以获得高流量推荐，会变成仅粉丝可见，甚至仅自己可见。

3. 用户反馈审核

当抖音根据视频关键词、视频标签为短视频分配第一批用户时，数据的战争就已经开始了。在这个环节中，抖音会根据多项视频数据的表现，综合决定视频接下来的命运。用户反馈审核的具体步骤如图 2-2 所示。

抖音判断用户反馈好坏的标准是短视频的点赞率、评论率、转发率、完播率、关注比例。如果这 5 项数据表现较好，则直接进入叠加推荐的环节。如果数据表现较差，则会导致账号

权重低，用户标签不精准，以及基础数据较差。基础数据一定程度上决定了一条短视频能在流量池推荐中走多远。如果短视频出师不利，则很难成为爆款。

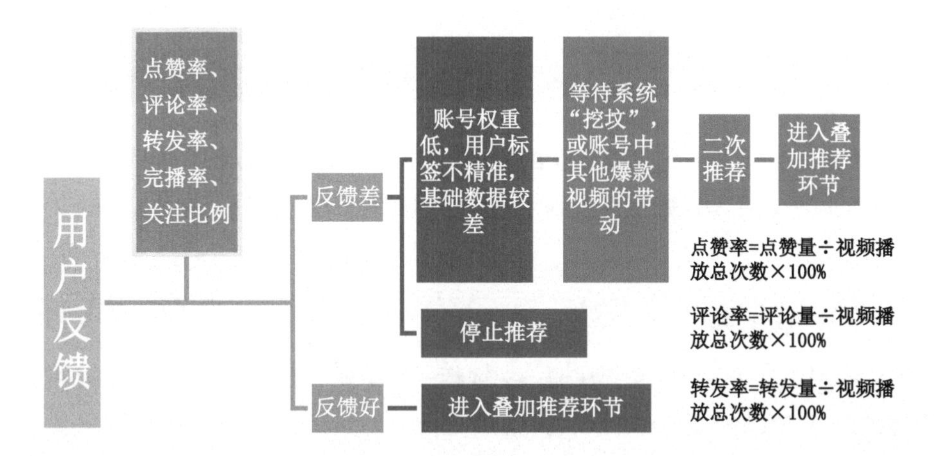

▲ 图2-2 用户反馈审核环节的具体步骤

但抖音会定期对低数据的短视频进行激活，俗称“挖坟”，这恰巧给予了在第一轮用户反馈中败下阵来的视频重生的机会——获得二次推荐，进入叠加推荐环节。另外，如果该账号的其他视频成了爆款，也有可能带动这条视频的流量提升。

4. 叠加推荐审核

叠加推荐是指平台再次给予短视频一定量的用户，且用户数量高于上一次，让短视频拥有更高的播放量。而叠加推荐审核则是平台在给予短视频更多用户后，观察短视频在这一阶段的用户反馈。如果短视频表现极佳，则进入更高流量池审核。反之，如果短视频在这一阶段表现疲软，平台将停止推荐。

5. 更高流量池审核

经过叠加推荐这一步，短视频就正式进入了更高一级的流量池。在更高流量池中，短视频会被推荐给更多用户，获得更多的播放。在这个环节中，具体的审核步骤如图 2-3 所示。

在更高流量池审核环节中，账号在被确认违规后将遭到删除视频、账号降权或封禁等处罚，这时，创作者可向平台提起

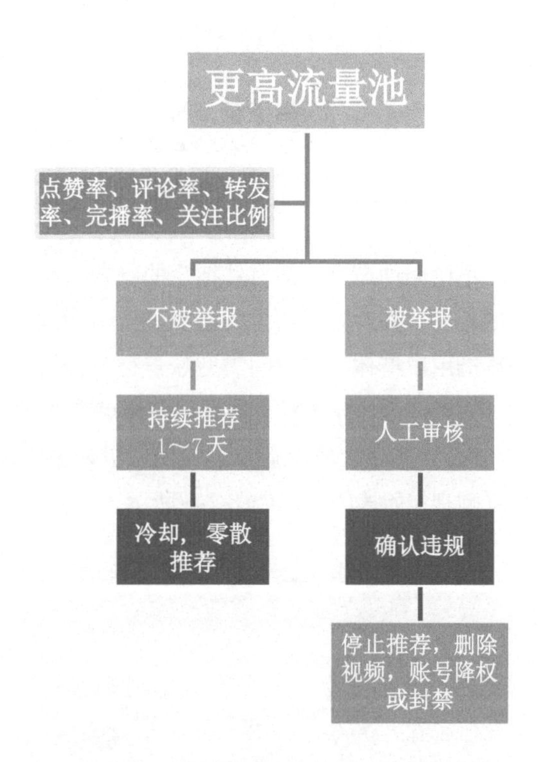

▲ 图2-3 更高流量池审核环节的具体步骤

申诉。若申诉成功，短视频则可还原，进入 1~7 天的持续推荐期；若申诉失败，短视频则只能维持原状。

2.2 组建精良的短视频团队

"一个好汉三个帮"，一个高质量的短视频账号，少不了团队成员之间的精诚合作。在条件允许的情况下，还是鼓励短视频创作者搭建适合的短视频团队，集思广益，为短视频的各个环节出谋划策。

2.2.1 短视频团队的10种分工

短视频的制作，并不仅仅是"注册—拍视频—传视频"如此简单的三步。短视频的形式虽然是视频，但它实际上是一款互联网产品。因此，创作者应当用产品经理的思维来思考、分配短视频的各项工作。

首先需要精细策划。短视频策划阶段的分工如图 2-4 所示。

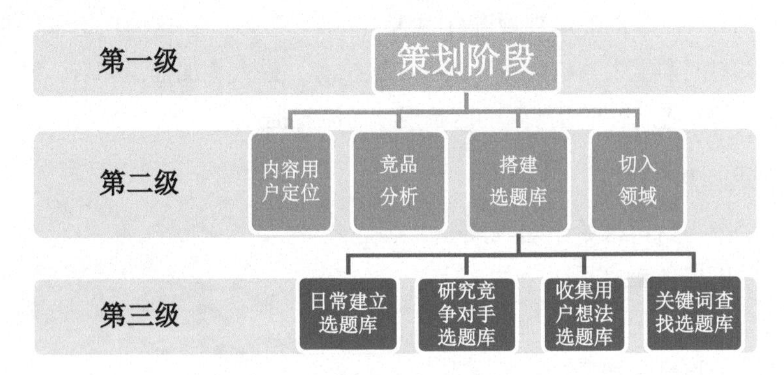

▲ 图2-4 短视频策划阶段的4种分工

不论何种产品，都有其特定的受众。在产品策划阶段，策划团队往往会针对产品给出精准的用户，并对同样定位的竞品进行全面的分析。体现在短视频工作中，就是找到视频内容的精准用户群体，并对同类型账号进行分析，取长补短，以此设定自己独特的账号标签。同时，策划适合自身风格、直击用户痛点的选题，垂直深入特定领域。

策划完毕后，产品就从理论阶段进入了实践阶段，对应到短视频，则是进入了制作阶段。短视频制作阶段的分工如图 2-5 所示。

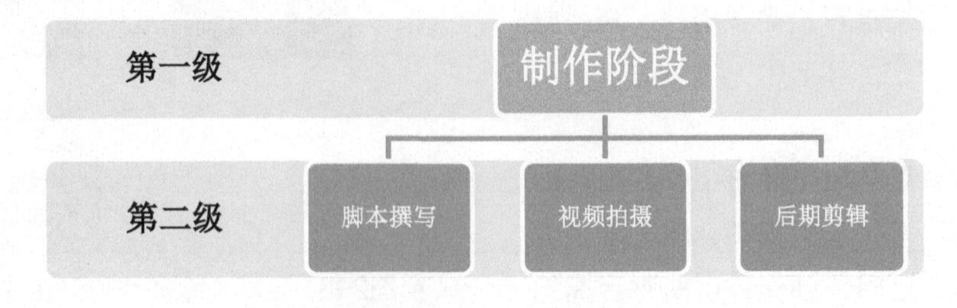

▲ 图2-5 短视频制作阶段的3种分工

当短视频成型，并被上传至平台后，短视频团队也不能任由它“自生自灭”，而是要从各个角度入手，为短视频进行助力。当这种助力专业化时，就有了一个新的名字——运营。短视频运营阶段的分工如图 2-6 所示。

在短视频运营阶段，运营人员需要从用户、平台、数据 3 个角度对短视频和账号进行运营，保证视频的受众精准，拥有良好的用户反馈，维护账号在平台中的地位与形象，进一步提升账号流量。

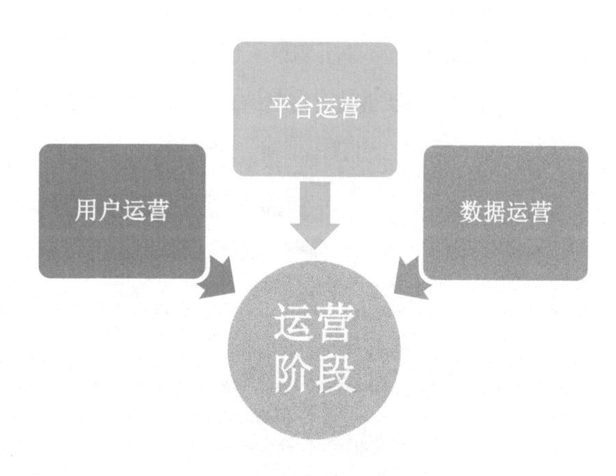

▲ 图2-6 短视频运营阶段的3种分工

2.2.2 短视频团队的一般工作流程

一般情况下，成熟的工作团队都会有一套专属于自身的“标准作业流程”，其英文全称为 Standard Operating Procedure，缩写为 SOP。在清楚短视频团队的基本分工之后，下一步就是将团队的所有工作流程化。这有利于权责分明，提高团队的工作效率。对于短视频团队来说，标准作业流程的规范化，依然可以从策划、制作、运营这 3 个层面入手。

根据这 3 个层面，可以将短视频团队划分为策划、制作、运营 3 个组别，再结合短视频的实际制作、产出情况，制定短视频团队的专属 SOP。

1. 明确各自的职责范围

将整个短视频团队的工作内容进行整合，并按照组别分割细化，然后逐级分发任务，将工作职责落实到个人。短视频团队小组分工示例如表 2-1 所示。

表2-1 短视频团队小组分工示例

短视频团队小组分工				
组别	职责	成果	负责人	汇报人
策划组	充实素材库	A账号每周12个选题，B账号每周6个选题	策划组长	经理
	根据运营组的反馈改进选题与内容细节	每周给出改进建议		
	给制作组提供明确的内容大纲	每周更新选题库，筛选选题，并向制作组提交大纲		
制作组	根据策划组的大纲撰写短视频脚本	给出三次修改后的脚本	制作组长	
	拍摄短视频、后期剪辑	给出两次剪辑后的短视频		
	根据运营组的反馈改进短视频的制作	每周列出改进方案		
运营组	多平台发布短视频	平台运营方案优化	运营组长	
	视频数据分析、内容运营及用户运营	完成每月用户增长目标		
	根据数据向策划组与制作组提出明确建议	每周列出改进建议方案		

2. 制订一段时间内的工作计划

在明确各组的职责范围后，团队领导还应将分工的每一项内容分解，并落实到每周，甚至每日。一个典型的短视频工作组的周 / 日工作计划表如表 2-2 所示。

表2-2 短视频工作组的周/日工作计划表

<table>
<tr><th colspan="4" rowspan="2">2021年8月第三周
短视频工作组计划</th><th>16日</th><th>17日</th><th>18日</th><th>19日</th><th>20日</th><th colspan="2">回顾</th></tr>
<tr><th>周一</th><th>周二</th><th>周三</th><th>周四</th><th>周五</th><th>完成情况（%）</th><th>情况说明</th></tr>
<tr><td>优先级</td><td>组别</td><td>成果</td><td>任务内容</td><td></td><td></td><td></td><td></td><td></td><td></td><td></td></tr>
<tr><td></td><td></td><td></td><td></td><td></td><td></td><td></td><td></td><td></td><td></td><td></td></tr>
<tr><td></td><td></td><td></td><td></td><td></td><td></td><td></td><td></td><td></td><td></td><td></td></tr>
</table>

3. 培养新成员

短视频团队的成员往往“少”而“精”，每位团队成员的工作量都比较饱和，很难在新成员进入后让对应岗位的团队成员直接培训。因此，很多时候各组组长需要亲自带新成员上手。想要让新成员尽快成长，快速熟悉工作内容，需要注意以下 3 点。

- 在不断实践中更新SOP。不断更新SOP，是为了得出最高效的版本，这样可以将技术、经验固定下来，形成能够快速上手的执行标准。
- 做到“讲—演示—实践—改进”四步走。在培养新成员的过程中，第一步，前辈应当对照工作SOP，为新成员讲解关键点与易错之处，然后让新成员进行复述；第二步，给出模仿的案例，关键之处亲自演示，让新成员充分理解；第三步，让新成员自己动手做一遍，观察新成员在工作过程中的问题；第四步，对新成员的表现给出即时反馈，指出改进方向，后期针对其需要改进之处进行检查。
- 个人成长与团队进步相结合。在短视频团队中，员工是团队的最小作战单位，员工的能力直接影响团队的战斗力，因此，团队需要不断地对员工的能力进行培养。同时，员工的进步直接促进团队的进步，从而使团队的效能最大化。

2.2.3 3种典型的短视频团队配置

搭建团队是为了更好地服务于短视频账号。不同账号的级别、拍摄难度、更新频率等情况各不相同，这就要求短视频团队管理者要不断思考，不断调整人员结构，才能形成最佳的人员配置组合。

在短视频领域，最常见的团队配置有豪华配置、经济配置和简易配置 3 种，具体选择哪种配置，需要结合账号的具体情况而定。

1. 豪华配置

在账号拥有大量粉丝、视频产出频率较高的情况下，可采用豪华、完备的团队配置，明确任务分工，有效把控每一个环节的质量。豪华型团队的成员构成如下。

（1）导演。导演的职责是统领全局。短视频的主要风格、内容基调，以及每集内容的策划和脚本都需要导演把关，拍摄和剪辑环节也需要导演的参与。

（2）内容策划。内容策划负责选题库的储备，搜寻热点话题，进行题材的把控和脚本的撰写。

（3）演员。演员需要上镜，符合人物形象，具备表现人物特点的能力。很多时候团队其他成员也可以充当演员的角色。

（4）摄影师。摄影师是非常关键的成员，一个好的摄影师能够降低剪辑成本。摄影师要善于运用镜头拍出优秀的视频，并且还要负责搭建影棚，把控拍摄风格和画面构图，选取镜头和采光方式。

（5）视频制作。视频制作负责把控整个短视频的节奏，前期参与策划，后期通过对短视频内容的剪辑来和观众进行沟通。

（6）其他。其他人员如灯光师、录音师等，具体根据账号与团队情况进行配置。

2. 经济配置

当短视频账号的体量并不大，视频制作任务较轻松时，短视频团队可选择一人多角的经济配置。经济配置型团队保留了短视频团队中关键的两个角色，即内容策划和视频制作，并在这两个角色之外再增加 1 ~ 2 人，以满足策划、制作、运营三大职能的实现。

内容策划的核心职能除了脚本撰写外，还包括镜头辅助。同时，在需要演员出镜时，该职能也能充当演员，做到策划与演绎的内在统一。

视频制作则需要一位全能型人才，因为与视频内容相关的所有工作，即拍摄、剪辑等工作都由他来完成。

除了内容策划与视频制作外，经济配置型团队还需要招募一名擅长同类型账号运营的成员，以及一位能统筹除策划、制作、运营外所有其他工作的成员，负责场地租赁、成本控制等工作。

名师提点

从经济角度考虑，很多职能团队都是可以复用的，即一位成员同时具有团队需要的两项或两项以上的技能。在保证人员尽可能精简的情况下，团队职能要健全。例如，运营人员除了做好手头的运营工作外，还要熟悉视频剪辑工作。这样一来，即便团队中某位成员因故无法参与某项工作，也不会导致全盘工作停滞。

3. 简易配置

如果创作者才刚刚入行，则需要一人分饰多角，同时担任策划、拍摄及播主。在这种情况下，客观环境就要求他自我成长为一位全能型人才。这种团队配置称为简易配置。

在短视频行业中，通过简易配置型团队做到“玩转短视频”的案例并不在少数。例如，抖音号“坤哥玩花卉”，该账号的运营者原是《中国花卉报》的记者，具有丰富的专业知识的同时，也具有一定的摄影技能。于是，该运营者利用实际生活中积累的养花经验，以及深厚的知识储备，再加上拍摄方面得天独厚的条件，将短视频做得风生水起。截至2022年7月，该账号已经获得660多万粉丝的关注。

2.3 培养一个符合要求的新号

短视频账号是运营人员获取流量的源头。在完成所有前期规划后，运营人员来到了准备工作的最后一个阶段——培养新号。

2.3.1 为什么要培养新号

大家时常能听到“养号”这个词，那么这个词的具体含义是什么呢？实际上，通过一系列的操作行为来提升短视频账号的初始权重，这种操作行为就叫作培养新号，简称“养号”。“养号”也是运营工作的第一步。

许多新手在注册一个短视频账号后，为了达到迅速获取大量粉丝或在短时间内制作出爆款视频的目的，不经调研，便在账号中发布了许多五花八门的短视频作品。这些不当操作容易导致新账号的标签不明朗，初始权重低，账号很容易变成“僵尸号”。

不经过“养号”就盲目操作，十分容易造成粉丝增长慢、作品播放量低、内容不被推广。在这种情况下，几乎无法通过任何行之有效的手段来拯救账号，也就是说，账号“废”了。由此可见，“养号”是运营过程中十分必要的环节。

2.3.2 “养号”准备工作

“养号”是在账号发布作品前，为账号养精蓄锐的过程。在这个过程中，运营人员应当进行怎样的科学操作才能达到“养号”的目的呢？“养号”的一般操作步骤如图2-7所示。

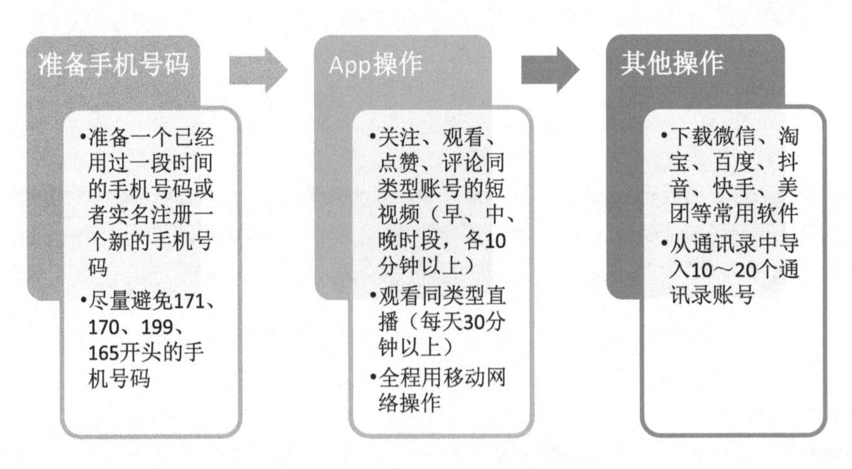

▲ 图2-7 “养号”的一般操作步骤

在进行图2-7所示的“养号”操作过程中，运营人员要时刻谨记：保持账号垂直度。

要保持账号的垂直度，需要做 3 个动作，如图 2-8 所示。

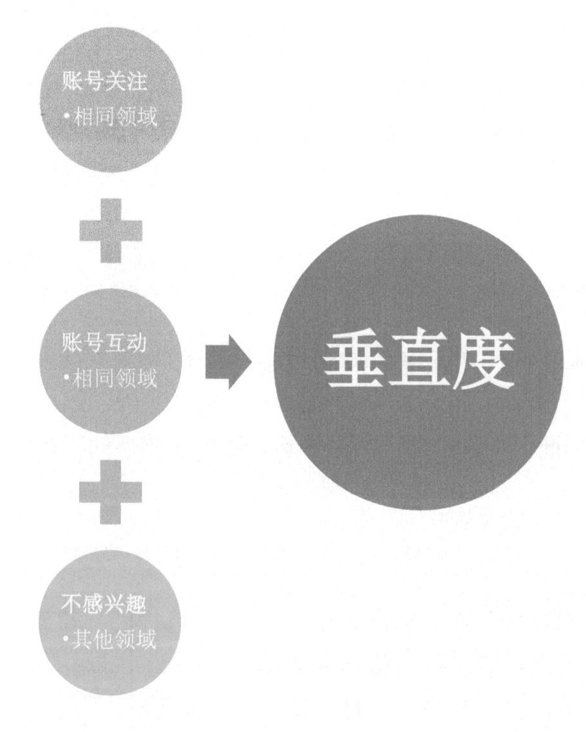

▲ 图2-8 “养号”阶段保持账号垂直度

其次，运营人员需要让账号完全做到类目垂直，领域精细。以教育领域为例，其垂直类目与细分领域如图 2-9 所示。

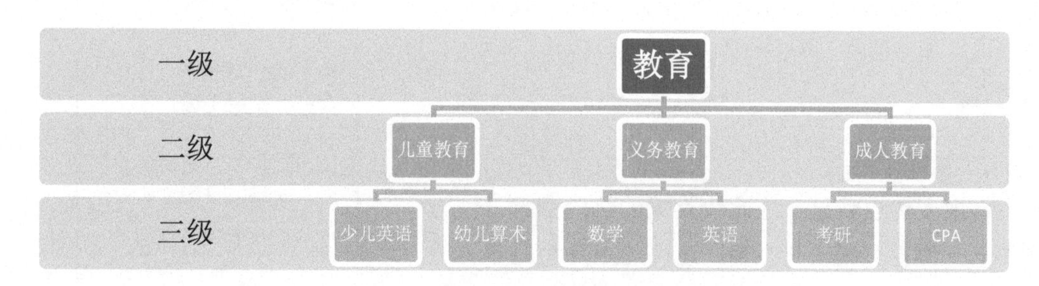

▲ 图2-9 教育领域的垂直类目与细分领域

出于保证账号各方面垂直的目的，运营人员在账号的初始信息设置上，要满足以下 4 个方面的要求。

- 在昵称和头像的设置上，要做到昵称与领域明确相关，头像最好也是相关内容的图片。
- 在个性签名方面，最好设置一些在该领域中能增加用户对播主信任度的话语。
- 在背景图方面，可以设置与产品或领域有关的图片。
- 在地址方面，最好选择产品的核心产区。

2.3.3 “养号”成功的标志

“养号”的过程需要维持3~7天。何时停止“养号”，要看什么时候“养号”成功。那么，“养号”成功的标志是什么呢?

实际上，在用新账号浏览短视频时，如果发现平台推荐的短视频60%以上都与新账号领域相同，就标志着平台已经为账号贴上了该领域的精确标签，同时也标志着“养号”成功。

2.4 利用热点赢得开门红

在短视频的巨大流量池中，谁能率先吸引用户的眼球，谁就能获取更多流量变现的机会。什么最吸引用户的眼球呢? 除了与用户本身需求相关的内容外，热点是每一位用户都会有意无意观看并参与的。因此，不管是自己制造热点，还是借热点的“东风”，创作者都需要学会与热点打交道。

2.4.1 认识热点

抖音中有一个功能板块叫作“抖音热榜”，这个热榜上的信息，就是目前在抖音传播的热点资讯及其热度排名，创作者可以通过这种热搜排名筛选最有价值的热点信息。2022年7月30日的抖音热榜如图2-10所示。

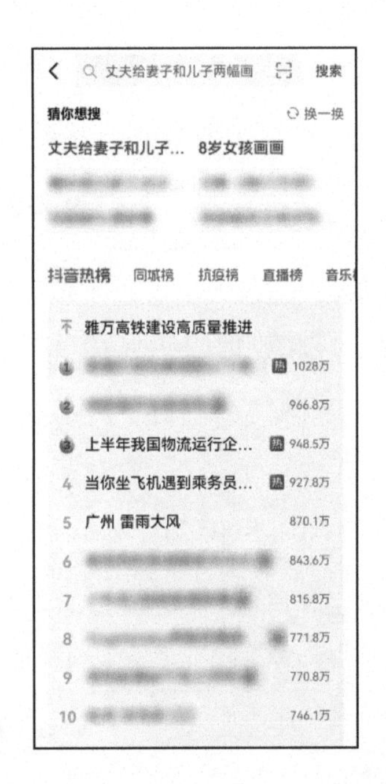

▲ 图2-10 2022年7月30日的抖音热榜

简单来说，热点就是特定时间段发生的吸引人眼球的社会事件、娱乐事件、民生资讯，以及有争议的社会话题。短视频作品中时常包含以下3类热点。

1. 常规型热点

常规型热点就是一些比较常见的热门话题，例如五一假期、国庆长假等。这种热点几乎每年定期出现，可供创作者准备的周期较长。创作者可以提前设计好选题策划模板和常规拍摄流程，热点时间一到，便能及时制作并发布短视频。

2. 突发型热点

突发型热点主要指不可预测的大型突发事件，主要包括自然灾害、社会事件（火灾或交通事故）、娱乐资讯等，这类热点的出现往往很难人为预测。突发型热点本身自带极大的流量，话题讨论度高，但因为事发突然，留给创作者的筹备时间很短，十分考验创作者的热点跟踪能力与短视频制作能力。

3. 预判型热点

预判型热点是指人们提前判断即将成为热点的事件，如即将上映的电影、即将首发的电子产品等。创作者可以根据这些事件或事物的受众群体，以及话题本身的热度，来预测其成为热点的可能性，提前进行视频制作，到点发布。

2.4.2 合理利用热点来“出道”

细心的观众会发现，许多爆款短视频都是根据热门话题进行创作、拍摄的。事实上，这些短视频并非在抄袭热点，而是在利用热点的同时，创造了新的热点，即让自身走红的短视频。

利用热点创作出短视频，短视频借助热点的热度成为爆款，这就是合理利用热点“出道”的典型范例。想要更好地借助热点，让自己的短视频脱颖而出，创作者要明确参考热点是通过什么渠道获得信息的，该信息是什么类型的话题，以及制作该热点需要采集哪些相关信息。同时，在针对热点进行短视频策划时，创作者要做到以下三点。

1. 重复和持续输出热点

重复和持续输出热点看似技术含量低，但却是抖音运营的一大难点。如何将用户已经产生审美疲劳的热点创造出新意，从而获得用户的点赞，是十分考验运营技术的。创作者可以先从形式上入手进行创新。

2. 渲染和包装热点

简单地重复热点，而没有自己的主见，是很难成为爆款的。创作者需要学会给热点信息“加工”，提炼出热点的核心要素并进行深挖、精讲。例如，一场厨艺大赛升级为热点后，创作者可以提炼该热点中的关键部分，如“某位选手别出心裁将羊肉做成了‘素菜’”，或是“冠军选手是如何历经艰难走到今天的”等，在认真剖析、拆分后，重新创作该部分内容，进行新的包装与宣传。

3. 为热点创作更多话题和挑战

一个热点信息可以提炼出许多不同方面的话题，创作者也可以选择“后发制人”，先观察竞争对手如何运用信息的话题点，待对方将常规话题全部引用完毕后，再运用“逆向思维”创作新的话题点，让观众眼前一亮。

2.5 高手私房菜

1. 针对不同年龄层的受众，策划爆款内容

投其所好是让短视频成为爆款的重要方法。每个视频账号都有其不同的受众人群，不同受众人群的特点是不同的。例如，某美妆账号的受众人群可能是18~35岁的女性，只要找准该年龄段人群的痛点，不愁视频上不了热榜。笔者总结了不同年龄段观众点赞量最多的视频类型，供短视频创作者参考，具体内容如下。

- 30～40岁人群：教育、国家、热点新闻。
- 20～30岁人群：技能、娱乐、温情、达人。
- 15～20岁人群：创意、搞笑。
- 15岁以下人群：校园、温情、动漫、知名演艺人员。

短视频创作者或运营人员应当充分把握不同年龄层次观众的需求，将特定受众喜爱的标签内容融入自身的短视频，以获取更多的流量。此外，短视频团队还可以定期对账号受众进行调研，掌握受众人群的喜好变化，以此创作出更多符合观众需求的短视频。

2. 学会“唱反调”——让你成为热门“黑马”

利用观众的猎奇心理，策划人员找到了一种能出奇制胜的策划思路——内容差异化。内容差异化是指，在同领域账号跟随热点、产出同质化内容时，制作“唱反调”的视频内容，吸引观众眼球，达到“反弹琵琶”的效果。

例如，在某款生活用品被大量播主推广时，第一批流量已经被拿走，紧接着，测评播主拿走了第二批流量。这时，策划人员当然不能成为旁观者，而是要利用差异化思路进行新视频策划。首先，在视频中说明该产品的火爆事实；其次，充分分析产品适合的人群，道出产品不为人知的“小缺点”，或将产品与同类产品相比较，得出二者各自适合何种使用场景的结论，提醒观众充分考虑后购买。

值得注意的是，差异化思路并不适用于每一种场景，策划人员切忌生搬硬套，弄巧成拙，将差异化思路变为单纯的“博眼球”，从而引起观众反感，败坏账号口碑。

3. 收藏素材网站，免费素材任你选

视频素材的来源，往往是大部分短视频制作人员十分苦恼的问题。要知道，视频素材既不能过多重复，又不能出现版权问题，于是，如何获得源源不断的高质量素材则成了每位短视频制作人员共同关注的问题。在此，列举了一些视频、文案、音乐素材的网站，供短视频制作人员参考。（注意：素材下载使用须遵守国家法律法规以及网站的相关版权规定。）

（1）提供视频素材的网站。

Coverr（提供视频素材的个人网站）、Videvo（不仅有视频素材，还有音效素材）、Vidsplay（视频素材供个人和商业项目免费使用）等。

（2）提供文案素材的网站。

梅花网、数英网、TOPYS 等。

（3）提供音乐素材的网站。

爱给网、淘声网、FindSounds 等。

第3章 账号设计全攻略

本章导读

“方向比努力更重要”。对于创作者来说，在不适合的领域一味地埋头努力，就像被蒙住眼拉磨的驴子，徒劳无果却依然囿于流量。只有选对合适的方向，提前策划好路线，才能在账号运营上事半功倍。

创作者需要对账号的定位、受众、人设标签等进行详尽规划与设计，为接下来的运营工作打好基础。本章将详细介绍短视频账号定位的相关知识和方法，包括如何设计账号的“名片”，使之更加凸显人设，增加用户的信任度。读者在学完本章内容后，可以为自己的短视频账号进行正确定位或自检优化。

本章学习要点

- 账号定位的基本原理
- 构建账号体系的流程
- 差异化人设的定位方法
- 昵称设置的原则
- 头像、视频封面、签名、头图设置的基本原则

3.1 账号定位常用方法与技巧

账号定位并不只是为账号选定内容领域这么简单。全面的账号定位就像用笔在纸上描绘一个人物，明确越多细节，人物越生动形象。对于运营人员来说，账号的定位越详细、越清晰，越能抢占用户的心智，吸引来的用户就越精准。

3.1.1 账号定位的基本原理

众所周知，人类历史上第一个登上月球的人是尼尔·奥尔登·阿姆斯特朗（Nell Alden Armstrong）。那么第二个呢？相信这个问题大部分人都没有答案。可见，人们也许能记住某个领域的第一名，但第二名则很难给人留下印象。

这个道理在短视频领域也同样适用。用户每天接收的信息数不胜数，某细分领域的头部账号几乎能满足他们的所有需求，而同类型的另一个账号，即便视频质量并不差，也很难进入他们的视线，因为用户大多不会另花时间观看一段“差不多”的视频。

这也启示创作者：账号定位的关键就是确保账号与作品内容的“第一性”或“唯一性”。只有通过精准的内容定位在第一时间抓住观众的眼球，才是长久的生存之道。

当创作者苦于无法获取新颖的创意，在一个细分领域成为“第一个吃螃蟹的人”时，可以选择另辟蹊径，成为少有人踏足的新领域的开拓者。例如，在以英语教学为主要内容的短视频中，大部分播主都化身讲师，采用传统的授课方式，一本正经地传授知识。而有的抖音号则独树一帜，如“东方甄选”播主凭借自身扎实的专业能力和广博的知识储备，在直播间侃侃而谈，从天文地理、诗词歌赋到人生哲学，给用户留下了深刻的印象。

3.1.2 构建账号体系

在确定好账号的发展领域与基本走向后，创作者还需要对账号进行完整的体系构建，明确账号各个方面的底层逻辑。账号体系构建的基本流程：明确商业定位→明确内容定位→搭建账号人设→建立识别标识，如图 3-1 所示。

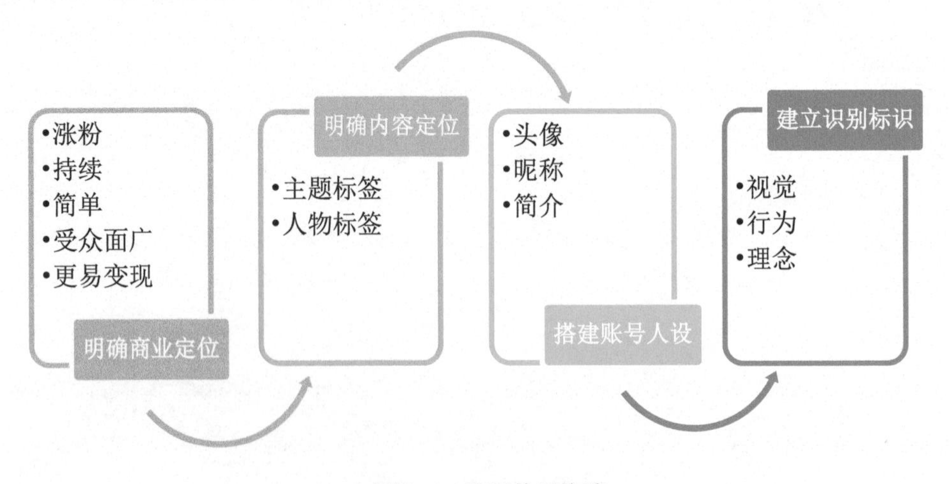

▲ 图3-1 账号体系构建

1. 明确商业定位

在商业定位阶段，创作者需要解决的问题并非账号的内容产出，而是如何完成流量变现。在问题转化后，创作者可以问自己几个问题：我到底要做什么？我有什么产品？我要把产品售卖给哪一个目标群体？

简单来说，在这一阶段，创作者并不需要考虑自己擅长哪方面的内容策划、人设演绎等，而是仅仅将自己看作一个商家，思考关于产品、销路、消费者的问题。

2. 明确内容定位

当确定好受众群体后，体系构建就进入了内容定位阶段。在这一阶段，创作者要分析账号的主要受众人群，剖析该人群的喜好与心理，并从该人群的需求与喜好出发，确定内容主题标签与人群标签，最终根据这两大标签创作具有针对性的短视频内容。

3. 搭建账号人设

创作者需要专门搭建一个鲜活的账号人设，在特定的领域内，明确账号的形象。例如，可以是一位温柔清新、呆萌可爱的“邻家女孩”，还可以是一个言语犀利、眼光独到的“成熟男人”。在有了具体的概念后，依据这一概念去设置账号头像、昵称、简介等。务必做到将细分领域与人设形象渗透到账号的各个方面。

4. 建立识别标识

在完成上面 3 步后，其实账号已经初具雏形。而建立识别标识这一步，起到的作用是画龙点睛。建立识别标识是指为账号建立系统识别标签，而标签词汇的选择可以从视觉、行为、理念等角度出发，如美容、干货、汽车、环保等。用精准的标签词汇赋予账号独特性，让用户容易识别和记忆。

3.1.3 五大要点找准账号定位

随着越来越多创作者的加入和 MCN 机构的入驻，短视频的竞争已经到了白热化阶段。如果创作者不能用独特的定位与新颖的内容吸引用户的眼球，就只能眼睁睁地看着流量被头部账号抢走。创作者可以根据以下五大要点来找准账号定位。

1. 分析对手

创作者需要在确定入驻的短视频平台中搜索与自身定位相似的账号，罗列出该领域中当下最具优势的头部账号，明确自身账号的竞争对手是谁，以及洞悉竞争对手的专业价值。

例如，创作者的产品属于家居收纳品类，那么创作者就需要通过关键词搜索等方式，找出同品类短视频账号，并通过这些账号定位到其关注或粉丝中的其他同品类播主，最后将所有目标账号进行整合，综合分析竞争对手的优势与劣势。

2. 寻找弱点

在全面分析竞争对手后，创作者需要避开竞争对手在用户心中无法改变的优势，或是利用其优势中的弱点，确定自身的优势，进行精准定位。换言之，竞争对手做得好的地方，创作者需要学习，而竞争对手做得不好的地方，创作者需要下功夫做好。利用竞争对手的弱点，在产品与视频方面建立自己的优势。

3. 证明自己

用户与播主之间的信任不是天然存在的，所以，创作者需要在账号建立之初，就开始“证明自己”，也就是为自身的账号定位寻求一个可靠的证明，达到塑造品牌形象的目的。创作者可以从销售量、用户喜爱度、权威性、制作过程、原材料等方面入手，消除用户的顾虑，为他们提供选择自己的理由。

4. 全面传播

全面传播分为两个层面。一是将所有维度的定位渗入内部运营的方方面面；二是在运营宣传工作中，账号要借助各方面的资源与渠道，力求将定位深深植入用户的脑海中。这样一来，即便用户还没真正成为客户，也已经在品牌影响下，成为潜在客户。

5. 做不了第一，就做唯一

在“红海”中力争上游做到第一，也许需要花费好几年的时间，而如果想要在“蓝海”中成为第一人，也许一分钟就够了。

在当下的短视频领域，受到用户喜爱的人设定位的类型主要有专家型、分享型和达人型3种，如图3-2所示。

专家型

- 专家型的短视频作品，大多采用教授、口述、多维度讲解等严谨的拍摄手法，致力于在短时间内客观直接地向用户传播干货知识，所以专家型的短视频作品对剧本和知识信息的要求很高，对场景布置、后期制作、演员形象的要求比较低。

分享型

- 分享型的短视频作品，常见于美容、瘦身、穿搭等领域，播主有时无须真人出镜，仅仅是用镜头记录自己的瘦身餐、穿搭配饰等内容，配上叙述性的文字，就能使目标群体产生共鸣。

达人型

- 顾名思义，达人型短视频作品，就是依靠网红达人的影响力，吸引粉丝观看作品。

▲ 图3-2 短视频常见的三大人设类型

创作者可根据自身的优势和账号定位来确定人设定位，但不能剑走偏锋，为了“博眼球”而无所不用其极，而是应当思考更长远的发展之路。

3.1.4 通过定位差异化突围

短视频发展至今，类目大多已经趋于饱和。投身短视频的创作者不论进入何种领域中的何种类目赛道，都能体会到竞争的激烈。正因如此，为账号进行定位才显得如此重要。赋予账号个性与记忆点，输出具有新意的短视频作品是让自身账号脱颖而出的砝码。

赋予账号个性与记忆点的关键在于差异化定位。差异化定位有两大法则：垂直深耕和跨界打劫。

1. 垂直深耕

垂直深耕是指专注于某大类目中的一个极小分类。例如，时尚是一个具体的大类目，而口红、香水等则属于这个大类目下的二级类目，口红试色分享与香水推荐就是该领域中的垂直细分类目。

相比大类目，在垂直细分类目下进行深挖，做细、做精更容易突围。这是由于细分领域虽然看似范围狭窄、流量较小，但却能抓住一部分精准用户，满足用户的需求。由此可见，细分领域的流量价值与用户价值更大。

况且，人的精力是有限的，在熟悉和擅长的领域深耕下去，账号输出的内容会更专业、更优质，而优质的短视频，则是决定流量高低的关键。

2. 跨界打劫

跨界打劫是指在自己的赛道（细分领域）上加入一个变量。这样一来，不仅丰富了基本的特定类目，还为人设增加了新鲜感，确立了内容输出的基本方向。跨界打劫用公式可表示为：

跨界打劫 = 特定类目 + 变量

例如，抖音“壳牌喜力”是主营汽车发动机油的品牌，其短视频的主要输出内容是汽车知识，同时植入自家产品的广告。其在短视频的表现形式上，非常有新意地采用了悬疑剧情的形式。该账号的某条短视频演绎了这样一段剧情：该品牌的工作人员张哥，在送货时遇到了一名男子，该男子因为自己的老婆被关在了汽车后备厢中，正试图用撬棍撬开后备厢。这时，张哥利用自己对汽车知识的了解，成功分析出事情的原委。

分析该视频内的要素组成，可以知道该视频是汽车知识的特定类目，加上悬疑剧情的变量，再加上娴熟的拍摄手法、悬疑感十足的音效与剪辑方法，令剧情跌宕起伏、扣人心弦，完全发挥了跨界打劫的模式优点。

3.1.5 强化账号定位

当创作者规划好账号的具体定位，并实现了定位差异化之后，剩下的工作就是不断强化定位，以突出个人 IP 的形象。

强化账号定位的一般做法是从短视频作品中的视觉与听觉两方面入手，以期吸引用户的关注，最终留存用户。

1. 视觉强化

短视频作为主要依托视觉展示的传播介质，具有多样化的展现方式。视觉冲击对人们的影响力是很强的。例如，绿地中的一朵小白花，流动人群中伫立不动的人，总是能在第一时间引起人们的关注。而对于短视频作品来说，服装造型、拍摄场景、标志性动作、视频色调等，都是能强化用户视觉，给用户留下深刻印象的要素。

2. 听觉强化

方言、口头禅、特定语气词、用以渲染气氛的背景音乐，诸如此类的听觉强化可用元素数不胜数，甚至演化成了播主的特色标签。在生活中，时常能听到短视频用户不自觉地哼起某首“抖音神曲”或是“魔性BGM”，这就是听觉强化到一定程度，已经影响用户行为的表现。

BGM是Background music的缩写，意为背景音乐。

3.1.6 以人为中心输出作品

以人为中心输出作品，是指把人当作一个品牌来进行打造，最后形成专属个人IP。一个成功的人物IP本身就自带流量，通过人物IP，作品内容拥有无限可能性。想要走打造人物IP道路的短视频账号，有六大内容输出方向可供选择，如图3-3所示。

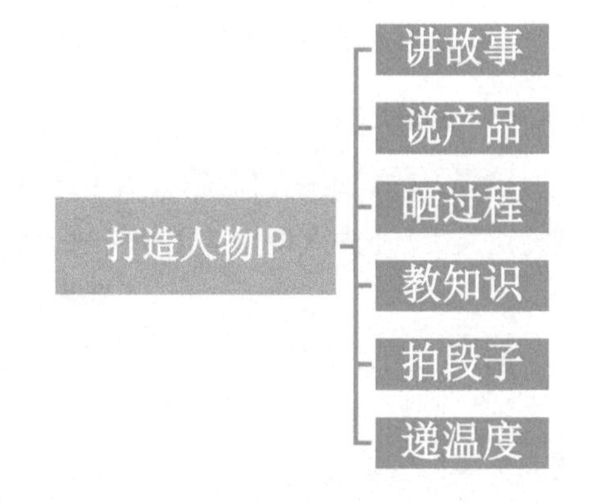

▲ 图3-3 打造人物IP的六大内容输出方向

打造人物IP有六大内容输出方向，而每一个大方向下面，还有不同的内容分支。例如，某短视频账号决定以咖啡店老板为中心，围绕咖啡店的日常经营趣事进行内容输出，那么，该账号可供选择的具体内容策划方向如表3-1所示。

表3-1 咖啡店老板的人物IP内容策划方向表

大方向	具体分支	策划示例
讲故事	客户故事	“今天，遇到一个奇怪的客人……”
	从业故事	“有人问我，如果重来一次，我还会不会选择开咖啡店……”
	人生经历	“30岁结婚，33岁创业失败，35岁开咖啡店，我的人生是一个非典型案例……”
说产品	服务特色	“有一家神秘的咖啡馆，服务员从不跟顾客说话……”
	产品特色	“一杯能预知你心情的咖啡……”

续表

大方向	具体分支	策划示例
晒过程	制作过程	“一颗咖啡豆的旅行……”
	工作过程	“当你一个人在工作日值班，店里的生意却异常火爆……”
	卖货过程	“2021年，我做了200场咖啡直播……”
教知识	行业内幕	“你喝的咖啡为什么这么贵……”
	购买建议	“怎样选购高品质咖啡……”
	实用技巧	“教你在家低成本自制香草拿铁……”
拍段子	热点段子	拍摄Vlog，提前设计对话，将热门段子融入对话中
	有趣模仿	“挑战用反串的方式卖咖啡……”
递温度	同事友谊	“那天，同事小吴的老婆临盆，我们把店关了……”
	父母温暖	“有位阿姨总来我们店喝咖啡，一待就是一天，后来才知道她是同事小美的妈妈……”
	社会支援	“我为咖啡店门口的老人免费办了一张年卡……”

3.2 昵称决定身份

姓名是一个人的标志符号，短视频的账号昵称也是如此。优秀的短视频账号昵称，如“无穷小亮的科普日常”“四川观察”“厚大法考”等，对于资深短视频用户来说可谓是耳熟能详。它们依次包含了内容关键词、地名关键词、类目关键词等优质抖音账号的构成要素，创作者可以借鉴这些优质昵称的设置方式，提升自己账号的品质。

3.2.1 掌握设置昵称的三大原则

优质的昵称可以加深用户对账号的认知和印象，加快账号影响力的传播速度。设置昵称的三大原则如图 3-4 所示。

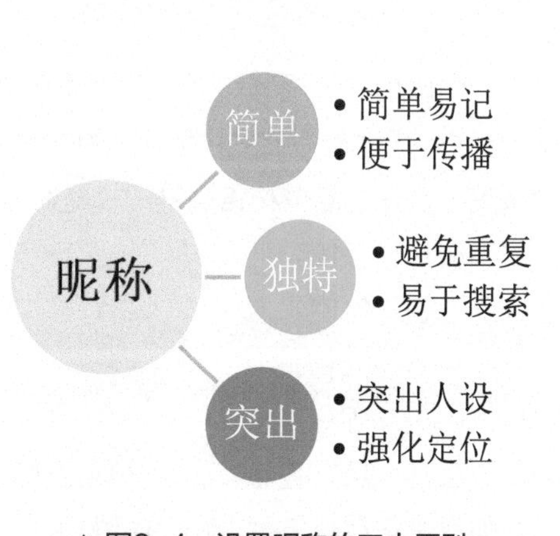

▲ 图3-4 设置昵称的三大原则

3.2.2 为账号起一个优质的昵称

在创作者对昵称毫无头绪时，借鉴与模仿优质的短视频昵称、在昵称中增加关键词是不错的选择。昵称中包含的关键词可以是行业、身份、场景、标签、姓名等，大致上可以划分为 5 种类型，下面将逐一讲解每种类型的昵称的设置方式。

1. IP+行业型

IP名称与具体的行业相结合，可以开门见山地展示短视频的内容方向，在无形中加深用户对账号IP与行业的印象。这种昵称设置方式的代表性账号如“猫叔叔教绘画”“微冰手绘”等。

2. 身份型

短视频账号可以通过简短的文字，在昵称中表明自己的身份，让用户清楚你的定位。具体表现形式为：行业词+名字，或名字+地点。例如，设计师三虎、三虎在美国等。

3. 场景功能型

场景功能型昵称将短视频拍摄的主要场景或具体内容直接体现在昵称中，吸引有关键词需求的用户点击账号。例如，办公室Word姐、三虎厨房等。

4. 标签+昵称型

标签+昵称型昵称与身份型昵称的不同之处在于，这类昵称前添加的词缀是账号人设的标签，也就是人设的特质和卖点，如弹吉他的不凡、图书策划三虎等。

5. 真实姓名型

真实姓名型昵称是指短视频账号将企业名、个人名或是产品名使用在昵称中，直接向用户展示、宣传自己，这类昵称使用最多的就是知名人士与各大品牌，如秋叶Excel、小米手机等。对于已经具有一定受众的个人或品牌而言，选择真实姓名型昵称设置方式是比较具有优势的。

3.3 视觉影响第一印象

除了短视频账号的文字信息外，头像、封面也能在视觉上加深账号给用户的第一印象。因此，创作者需要根据账号的定位、人设等，有意识地设置头像与视频封面。

3.3.1 设计符合定位的头像

头像位于短视频账号界面的中部偏左位置，大概是人眼在看手机屏幕时视觉停留的第一个地方。头像作为首先占据用户视野的符号，不仅仅是一个视觉传达元素，也是彰显专业素养、审美、爱好、品位和格调等的视觉符号。优质的头像往往离不开以下4种特质。

- 风格极简。
- 色泽鲜明。
- 点明人物。
- 关联昵称。

抖音账号“央视新闻”的头像是将昵称设计成了一张Logo图片，不仅增加了账号的辨识度，还使得账号在众多抖音账号中脱颖而出。主色选用具有强烈对比的蓝白两色，十分引人注目。此外，这种大气的设计风格也与新闻资讯领域的特点相符合，使得观众在看到账号时，有一种权威、专业的印象。抖音账号“央视新闻”的头像如图 3-5 所示。

79.5亿 获赞 38 关注 1.5亿 粉丝

四川日报、一个人穷游中国等 13 个...

我用心，你放心。

直播动态 查看历史记录 Ta的音乐 听听ta的歌单

▲ 图3-5 具有代表性的抖音账号头像

除了图 3-5 所示的头像类型外，许多短视频账号选择开门见山地将播主的照片设置为头像，如此既能加强人物 IP 的塑造，让用户对播主的印象更深刻，又能吸引陌生用户。

3.3.2 选择有味道的视频封面

如果将浏览账号首页比作浏览一篇作文，那么视频封面就像是作文中的小标题，它明确地向用户传达某部分的内容主题，让用户迅速捕获信息，有选择地进行浏览。目前各平台上的主流封面类型如图 3-6 所示。

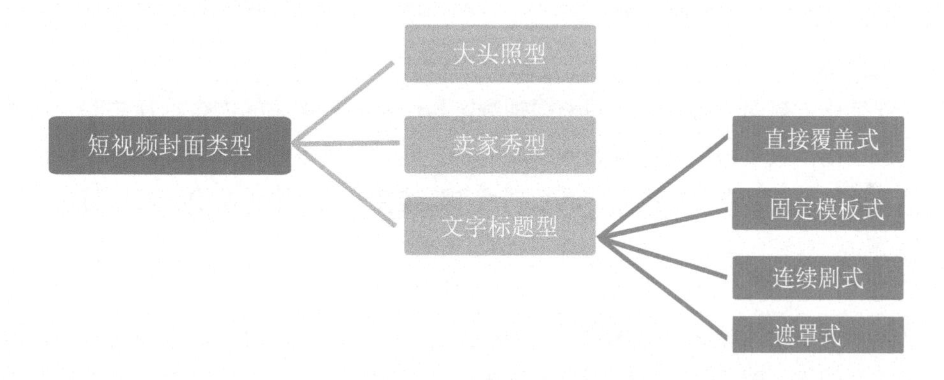

▲ 图3-6 短视频封面的类型

1. 大头照型封面

大头照型封面是指视频封面主要内容为账号核心人物，这类封面可以帮助高颜值的网红、才艺能手、综艺达人等打造鲜明的人物 IP。形象重复能不断加深用户的印象，增强粉丝黏性。这类封面的制作很简单，将视频中带有播主形象的画面设置为封面即可。

2. 卖家秀型封面

卖家秀型封面多见于教学类、美食类、美妆类等视频账号，这类账号发布的内容往往以不同的亮点吸引用户。卖家秀型封面就是将每条短视频的“高光时刻”，例如书法课学习成果的展示画面，美食视频的成品展示画面，或美妆视频的变装后画面，直接用作视频封面，以达到吸引用户的目的。卖家秀型封面如图 3-7 所示。

▲ 图3-7 卖家秀型封面

3. 文字标题型封面

直接在封面中用文字给出关键信息，而视频内容则充当封面的“绿叶”，这就是文字标题型封面。按照不同的文字标题设计方式进行划分，可将文字标题型封面分为 4 种类型。

（1）直接覆盖式封面。

总结视频的主要内容，将其提炼成标题文字，直接覆盖在封面，这就是直接覆盖式封面。这种方式可以让用户更为直观地分辨每个视频的重点信息，标题的句式也并不拘泥于陈述句，可多用省略句、疑问句的形式，如“早春黑西装，如何一衣多穿？”等，使用户更容易代入情境，产生共鸣。

（2）固定模板式封面。

固定模板式封面是指一个账号中的短视频标题固定使用同一个模板，每次上传新视频时更换视频标题的关键词即可。但这类封面标题设置模式只适用于视频内容季度垂直的短视频账号，并且需要注意，模板文字一定要具有代表性，而关键词则要能让用户迅速获取到不同视频的差异点，如“周五远离浮躁”“周六远离人群”“周日远离恐惧”等。

（3）连续剧式封面。

对于连续剧式封面，首先要求同一短视频账号中不同短视频的内容相互关联，在顺序排列下，就像一部由数个短视频组成的连续剧一样。同时，各条短视频的标题则像是每一集的情节概括。这类封面强调短视频内容的系列性和延续性，适合影视解说类账号与长剧情类的账号。

（4）遮罩式封面。

遮罩式封面是指在竖屏手机界面中，视频内容居中，上下区域留白来作为文字标题背景的封面形式。使用遮罩式封面的账号大多是影视解说类、娱乐类，这种封面的优势在于直接区分了标题模块与视频内容模块，且十分适用于横版视频向竖屏的转换。

3.3.3 利用签名与头图为账号加分

短视频的账号首页就像一张名片，不仅集中展示了短视频的关键信息，如昵称、头像、抖音号等，还为账号留下了充足的个人展示空间，例如个人签名栏目与头图设置栏目。创作者需要利用好每一个栏目，全方位地展现账号的人设。

1. 签名——吸引用户的必争之地

以抖音平台为例，签名栏目是展现内容最多的一处。该栏目中的内容旨在通过文字向用户传递“我是谁？”“我能为用户创造什么价值？”“我是什么态度？”等信息，同时，这部分内容也是用户判定账号性质的主要依据。

短视频账号的签名文字中要尽量体现类目方向、目标人群、专业领域、更新时间，以及必要的联系方式等。具有代表性的短视频账号签名如图 3-8 所示。

2. 头图——账号的第二张脸

头图是指短视频账号主页最上方的背景图片。创作者可以在头图内容中植入一些关键词与重要信息，便于用户搜索和账号转化。但如果账号正处于涨粉阶段，则切忌在头图中留下联系方式。具有代表性的头图如图 3-9 所示。

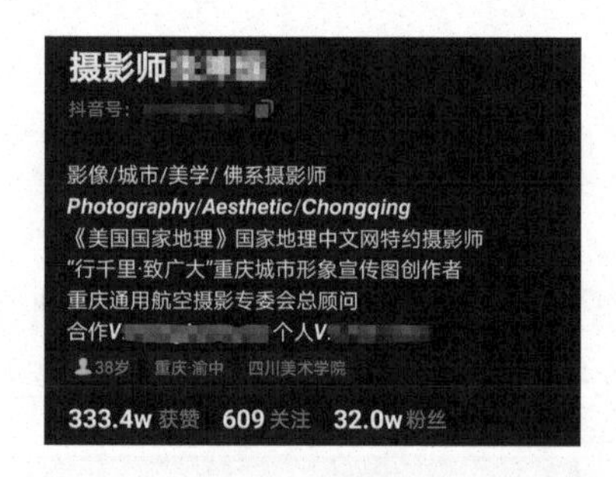

▲ 图3-8 具有代表性的短视频账号签名

▲ 图3-9 具有代表性的头图

头图的设置思路不止一种，短视频领域常见的头图类型如表 3-2 所示。

表3-2 常见的短视频账号头图类型

序号	头图类型	具体内容	适合人群	示例
1	主题背景型	根据特定主题设计头图	品牌/机构/主题账号等	抖音广告助手、喜茶
2	照片背景型	单人照/合影	旅行/情景剧/Vlog/情侣账号	斯麦林
3	求关注型	在头图内容中引导关注	种草/泛娱乐萌宠账号	Zoion的动物园
4	小贴士型	如何购买产品/成为会员等引导性内容	服装/美妆/配饰账号	金大班的穿搭日记
5	简介型	个人介绍/微博封面	人物IP 账号	林雁

3.4 高手私房菜

1. 真人出镜Vlog——多角度人设，塑造正能量的营销形象

Vlog 是一种新兴的、以记录播主日常为主要内容的短视频形式，其拍摄难度较低，但“性价比”较高，无论何种短视频类型的播主，都可以通过拍摄 Vlog 来保持更新。

但对于专门拍摄 Vlog 的播主而言，则需要注意，应通过多角度场景拍摄来展现播主的人设，营造账号的氛围感，以达到吸引观众的目的。以抖音某 Vlog 账号为例，该账号的播主是一位白手起家的成功男士，其人设标签有“白手起家”“公司老板”“好领导”“居家好男人”等。

该账号为了展现这一丰富的人设，拍摄了一段有几位小朋友在旁边的员工会议场景，配合文案“上午开会做了个决定，假期员工可以带孩子来上班，我安排专人辅导、照管，吃住全包”。该文案既说明了家中有孩子的员工假期上班的困境，又大大增强了视频的真实性。而该视频内容则将播主作为一位好领导对员工的人文关怀淋漓尽致地展现了出来。

除此之外，该账号还拍摄过一段播主帮着老母亲一同包饺子的短视频。视频中，播主手法娴熟，对母亲也十分恭敬。文案写道：亲手包的饺子，欢迎本地的粉丝朋友们来品尝。在表达播主对粉丝们热情的同时，也塑造了播主的孝子形象。长此以往，播主的人设变得既真实又理想，观众会产生强烈的代入感，被这样的人设所吸引。观众产生向往是播主人设立住了的表现，之后播主进行带货或是直播变现则十分方便。

2. 抓住三大要点，打造爆款封面

短视频封面是视频的“脸面”，在封面的制作上，创作者万万不可马虎，否则容易给进入账号主页的观众留下不好的印象，降低粉丝转化率。在制作视频封面时，创作者需要特别注意以下 3 个要点。

第一，视频封面是不能全屏显示的，它只能在账号主页中以小封面的形式存在。因此，为了让观众能迅速分辨视频主题，封面中选用的字体一定要大一些，最好选用大于 24 号的字体，并居中显示。

第二，创作者在编辑封面标题时，文字不宜太多，要从中提炼最关键、最吸引观众的内容。封面的标题文字最好不要超过 25 个字，并且在视频开头停留 1~2 秒。

第三，同一账号的短视频封面，最好使用统一的风格样式，这样不仅可以强化观众对短视频的整体印象，还可以节省创作者制作封面的时间。

3. 头像、昵称、简介设置的7个关键点

账号的头像、昵称、简介等共同组成了账号的名片，体现了该账号的风格与人设，其对于吸引调性相符合的观众十分重要。在设置账号的头像、昵称与简介时，创作者需要注意以下几个关键点。

（1）头像。

- 直接表明定位。头像作为观众第一眼看到的账号内容，其重要性不言而喻。在设置头像时，最好直接体现自己的领域，且表明账号的定位。
- 播主真人出镜。真人出镜能给观众以真实感，拉近观众与播主之间的距离。

（2）昵称。

- 体现行业关键词。昵称是账号最直接、最明确的信息表达。创作者在设置昵称时，可以直接将行业关键词体现出来。例如，抖音账号“绵羊料理”，作为一个美食账号，该昵称开门见山地表明了其所在的行业。
- 体现人设。在昵称中直言人设，是输出个人IP的第一步。例如，抖音账号“不刷题的吴姥姥”就直接将自己的人设定位放入昵称中，简洁明快，且易记忆和传播。

（3）简介。

- 在涨粉阶段，简介要深化人设定位。简介是除昵称外展现人设的重要窗口，它能帮助观众更深层次地了解账号调性与播主人设。因此，创作者可在简介处多动脑筋，利用简短的文案重复刻画播主在粉丝心目中的形象。
- 在涨粉阶段，简介还要体现账号价值。账号价值是粉丝关注账号的根本原因。因此，简介最好能体现账号对粉丝的最大价值，给粉丝一个关注账号的理由，以此获取更高的粉丝转化率。
- 在商业化阶段，简介要注意联系方式与敏感词汇。在账号已经打牢粉丝基础，进入商业化阶段后，明朗的联系方式十分重要，但需要谨慎地避开敏感词汇，避免出现账号被降权的情况，得不偿失。

仍以抖音账号“不刷题的吴姥姥”为例。截至 2022 年 11 月底，该账号拥有 384 万粉丝，粉丝基础已非常牢固。该阶段其账号的简介主要由 4 句话组成，其中第一句话点明了吴姥姥的身份——同济大学物理学教授，第二句话体现了账号价值——探究迷人的物理之惑，第三、四句话展示了商务合作和购课后的联系方式。

第4章 短视频要这样策划

本章导读

如果将短视频的定位比作服装制作中的环节，那就是量尺寸、选面料、定颜色，将成衣的大小与面料质地提前框定在范围内。而接下来的环节——策划短视频，就像是服装制作中的版型设计，需要设计衣服的款式与细节，如确定成衣是圆领还是V领，衣襟上是否添加图案等。策划是定位的进一步工作，也是完善短视频作品的必要环节之一。

本章将讲解短视频策划的主要步骤，以及7类常见的短视频策划方法，包括短视频脚本的策划思路、编写规范和编写模板。读者可跟随本章内容动手练习，以熟悉或强化短视频的策划方法。

本章学习要点

- 短视频内容策划的5个步骤
- 常见的短视频策划要点
- 短视频脚本的编写方法

4.1 短视频内容策划五步走

短视频的内容策划，是指从确定短视频的目的与主题开始，一步步地填充、完善，直到形成完整的短视频脚本文案，为短视频的拍摄与后期制作提供具体指导。优质的短视频内容策划，既要兼顾平台的内容调性与用户的喜好，也要兼顾短视频的商业价值。

4.1.1 确定短视频的目的

确定短视频的目的，是短视频内容策划的第一步。这里的目的，并非指短视频最终的目的——实现商业价值，而是指为了实现商业价值，短视频需要走一条怎样的道路。

例如，有些短视频创作者拥有优质而充足的货源，于是走“种草号”的路线，通过一条条“种草”视频实现卖货；有的创作者思维活跃，创作能力强，于是凭借短视频内容吸引大量的粉丝，再进行广告植入；还有一些创作者个人魅力十足，于是以打造个人 IP 为核心思路，通过展示人设和人格魅力的短视频逐渐提升知名度，后期再实现商业价值。

只有确定短视频的目的，才能明确地找到后期内容策划的方向。因此，短视频创作者需要明确自身账号发布短视频的目的，到底是带货、宣传个人品牌还是其他目的，进而明确短视频所要传递的信息。

4.1.2 确定短视频的主题

在确定了短视频账号的整体走向后，接下来，短视频创作者需要确定短视频的选题方向。一般而言，短视频创作者或策划人员需要在选题库中挑选 3 个或 3 个以上的合适选题，并通过慎重思考或团队讨论确定一个最终主题。最终主题需要契合短视频账号当下发展阶段的实际情况，并尽量做到与时事、热点相结合，以保证对用户的吸引力。

另外，创作者要谨记：作品的内容需要保持高度垂直，主题与主题之间的差别不能过大，这样才能吸引精准粉丝。因此，需要在确定方向后，不断向下深耕，向周边拓展，保证选题库的时效性与垂直性。

4.1.3 编写内容大纲

短视频的主题就像人的大脑，虽然是核心，但光有聪明的大脑是不够的，而编写短视频内容大纲，相当于搭建了骨架。

编写内容大纲，是指策划人员将短视频的基本梗概转化成文字，这段文字中需要包含角色、场景、事件三大基本要素。例如，一位男教练在健身房讲述并演示瘦大腿的锻炼方法。这就是一个包含了三大要素的故事核心，其中，角色是男教练，场景是健身房，事件是讲述并演示瘦大腿的方法。

内容大纲的编写对后续操作影响深远。在策划人员进行创意转换的时候，运营人员需要快速评估出大纲的可实现性。例如，在上述的大纲中，团队暂时无法满足健身房的场景需求，那么场景是否可以更换为其他室内场景？在这一阶段，团队需要给出能切实落地，且将成本控制在预算内的方案，确保后续工作的顺利进行。

4.1.4 填充内容细节

“一位男教练在健身房讲述并演示瘦大腿的锻炼方法”，这个内容大纲非常简短，让人感觉平平无奇，无法吸引用户。这时，就需要策划人员进行内容细节填充了。

策划人员要以内容大纲为基础，丰富短视频的故事内容，设定类似于反转、冲突等比较有亮点的情节，保证短视频的观赏性，引起观众的共鸣，从而突出主题。还是以上述内容大纲为例，为它填充内容细节，可以从以下几种不同的角度进行填充。

- 普通走向：男教练以讲述的方式，直接与镜头对话，从大腿粗壮困扰爱美女孩的角度切入，教用户在家就能练习的瘦腿方法。
- 剧情走向：一个年轻女孩因为工作繁忙，疏于锻炼，导致大腿粗壮。一天，男朋友又一次嘲笑女孩“大象腿”，女孩一气之下与男友分手，找到男教练，请求教练帮助自己拥有好身材。
- “种草”走向：引入瘦大腿的健身工具，演示利用工具瘦大腿的便利，将短视频打造成“种草”与“干货输出”相结合的内容。

对这个大纲进行细节添加后，故事内容明显完整了，短视频已经初具雏形。

4.1.5 撰写相应文案

填充完内容细节的短视频大纲虽然已经具备一定的完整性，但仍然不足以作为最后拍摄制作的参考，策划人员需要进一步完善正式的短视频脚本文案。脚本文案与填充细节后的内容大纲相比，需要增加台词、动作、人设、镜头设计等细节。

- 撰写台词。一般情况下，所有角色在出场后，都会用台词对剧情进行推进，使故事从开端发展到高潮，再发展到结尾。同时，台词除了能够对剧情进行推进，也彰显着不同角色的具体性格。
- 设计动作。动作是非常容易被忽略的一点，但却是细节表达的重要内容之一。小到角色在哪句台词说完后翻了一个白眼，大到角色之间的动作互动，都是文案中不可缺少的部分。
- 完善人设。完善人设指在确定大致故事情节后，利用细节使人物更加具体形象。在文案上，人设具体体现为角色的性格关键词、出镜服装等。
- 镜头设计。策划人员最好能将短视频脚本撰写成分镜脚本的形式，从镜头上把握、控制剧情的表达，让摄影师直接按照分镜脚本中的镜头类型来进行拍摄，使作品成品与脚本达到一致。

4.2 7类常见的短视频策划要点

常见的短视频类型有技能展示类、评论类、知识教学类、幽默搞笑类、剧情类、产品展示类、品牌推广类，这些类型的短视频适用于各个不同领域的短视频账号，操作难度不大，但非常受用户的欢迎。下面具体讲解这 7 类短视频的策划要点。

4.2.1 技能展示类短视频策划要点

技能展示类短视频往往展示一种能适用于广大用户在生活或工作等方面的技巧，由于其超强的实用性，“涨粉”速度非常快。从用户的角度出发策划技能展示类短视频，充分为用户着想，往往能收获许多忠实粉丝。

1. 可操作性强，受众广泛

技能展示类短视频有一个宗旨，就是展示的技能一定要实用，能够切实帮助用户解决工作或生活中的棘手问题，才能抓住用户的痛点，收获点赞。

例如，某短视频账号发布“如何一招让小白鞋干净如新”，获得了超过 20 万的点赞量，而另一条内容为“如何在家保养奢侈品皮包”的数据则远远不如前者。这是由于两条短视频的受众范围不一样，小白鞋可能大部分人都有，但并不是所有人都能拥有奢侈品包包，后者的受众范围狭窄，可操作性明显不够强。

2. 步骤拆分，解说生动

技能展示类短视频出于解决实际问题的目的，在表达上，它的文案不能太过简略，更不能难以理解。这类视频的文案需要做到让大多数甚至所有的用户在观看后都觉得“这个技能又实用又简单”。所以，技能展示类短视频需要将具体步骤拆分得很细，并用生动有趣、通俗易懂的语言进行表达，让用户在解决实际问题的同时获得乐趣，从而吸引用户关注。步骤分明的技能展示类短视频如图 4-1 所示。

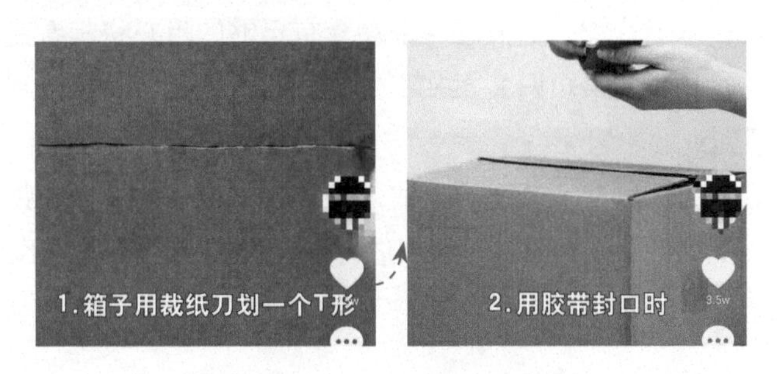

▲ 图4-1 技能展示类短视频

4.2.2 评论类短视频策划要点

目前，评论类短视频中，最火爆的细分内容是影视解说或吐槽类短视频，但实际上，评论类短视频还包括热点事件、文学作品、音乐作品等方面的相关内容。评论类视频在策划阶段，需要考虑以下两个要点。

1. 独特的个人风格

影视解说类短视频的内容模式大致相同，想要成为这个领域的黑马，需要创作者在旧的模式中树立自己的个人风格。例如，某抖音账号的视频开头通常会添加标志性的开头语“大家好，我是戴眼镜拿着话筒的 ×××”；其视频的语速很快，但是吐词又很清晰，这些元素都构成了该账号独特的个人风格。

2. 令人眼前一亮的文案

某抖音头部影视解说类短视频账号，为了把一个故事说得更有趣、生动，在其文案内容上下了不少功夫。它的文案内容有一个基本路数：开篇 30 秒会设置一个悬念，或者一个兴奋点；中间过程，剧情转折的控制恰到好处，在完结点又埋下另一个悬念；结尾，会进行一些情感或思考延伸，引发观众共鸣。

4.2.3 知识教学类短视频策划要点

知识教学类短视频，听起来好像是短视频领域中无人问津的冷门领域，但近两年，“厚大法考”的火爆传播，证明了这类视频的巨大潜力。

知识教学类短视频的策划要点如下。

1. 找准目标用户

“厚大法考”视频的广泛传播，与其庞大的用户群体不无关系。准备法考的学生或白领数不胜数，导致法考培训成了一个巨大的市场。同理，知识教学类短视频应当找准自己的目标用户，尽量选择市场潜力大的知识进行教授。

2. 根据内容决定时长

目前，短视频的时长有的已经能够超过十分钟，但如果用传统的教学方式，通过竖屏对用户讲述一个知识点长达十分钟，则很难保证观众有足够的耐心将其看完。因此，创作者需要严格把控短视频的时长，如果知识文案并不生动，那么尽量将时长控制得短一些，分散知识点，让观众养成系列观看的习惯。

如果创作者能做到用幽默又不低俗的方式讲解知识，良好地把控视频的节奏，则可以将短视频的时间延长，在一个短视频中对知识点进行深入讲解，也能达到不错的效果。

4.2.4 幽默搞笑类短视频策划要点

幽默搞笑类短视频是短视频领域最受欢迎的类型之一，它能为不同年龄段的用户带来轻松与快乐，为用户舒缓压力，所以受众范围非常广。

再者，幽默搞笑类短视频的制作门槛并不高，在幽默搞笑这个受欢迎的“红海”中，创作者纷纷加入，优秀的头部账号数不胜数。想要策划深入人心的幽默搞笑类短视频，除了保证生动自然的笑点输出外，还需要注意以下两点。

1. 新颖的人设

幽默搞笑类短视频大多为真人出镜的演绎形式，无论出镜演员是进行剧情演绎还是个人吐槽，创作者都需要为出镜者打造一个风格鲜明的人设。但由于幽默搞笑领域的出众人设已然不少，创作团队需要另辟蹊径，寻找人设上的突破，才能在短时间内吸引大量粉丝，迅速占领流量高地。

例如，某抖音账号通过一系列的短视频，塑造了诸多性格鲜明的经典角色，直接使用“人海战术”获得用户的喜爱。除了主要角色——爱贪小便宜的柜姐吴桂芳外，还有人美、心善的“金主”——贵妇叶芸，知性、温柔的店长，美丽、个性的大学生等。

2. 联系热点

在幽默搞笑类短视频中植入近期的热门事件，是助推流量的好方法。创作者可以借演员之口，将最近的网络热词说出来，或是发表对热点事件的看法，并在短视频的标题文案中加入热词或热事的标签。这样的策划既能获取更多流量，又能凸显人设，彰显短视频的时效性。

4.2.5 剧情类短视频策划要点

剧情类短视频是与传统长视频最为接近的一种形式，该领域的账号往往选用高颜值的演员出镜，创作出不同类型的故事作品，获得众多用户的喜爱。在策划这类短视频时，需要注意以下两点。

1. 关注细节，使情节更生动

要想在不超过 1 分钟的时间内讲完一个有头有尾的故事，还要做到打动用户，在用户心中留下深刻印象，甚至在用户观看结束后引起用户的深思，并不是一件容易的事。幸好短视频是拥有多方面信息传播渠道的载体，视觉、听觉都是传达故事的手段。因此，创作者在策划这类短视频时，需要尽可能地完善与丰富短视频的各项细节。

例如，想要体现情侣之间异地恋的苦楚，在视频中，女演员会对着手机展现原本应当展现在男友面前的笑脸。在讲述生病需要帮助，却只能一个人面对这件事时，视频内容则会用女演员额头贴着退热贴来展现生病的境况，凸显女生的无助。

2. 充分利用配音与字幕

短视频不仅仅有带入情绪的背景音乐，配音也是推进剧情的重要手段。利用配音，可以直接有效地体现角色的内心活动，或是交代故事环境、角色性格等。字幕则是配音的文字表达形式，在剧情推进到关键处，人物角色的心理活动已经无法用有声的形式表达时，用无声的字幕传达，能获得更加动人的效果。

同时，创作者也不要忘记在画外音讲述时为视频配上清晰的字幕，以及适时利用演员的现场对白，丰富表达方式，增加故事的真实性，让用户更有身临其境的感觉。

4.2.6 产品展示类短视频策划要点

产品展示类短视频的典型代表就是常见的“种草号”，这类视频往往是出于产品销售的目的而拍摄的，所以，需要在视频中详细地展示产品的外观，演示产品的使用方式，试验产品的性能等。产品展示类短视频的策划人员可以参考以下两个要点进行视频策划。

1. 场景化表达

场景化表达是推销产品的绝佳方式之一，它不仅能展现产品的优势与性能，还能赋予产品额外的“气质”。例如，在展示洗碗海绵这款产品时，直接用洗碗海绵在厨房中擦拭带油的碗碟，用户就能直观地了解到商品的使用方式，看着播主的操作，会产生自己使用起来也能如此方便的想法。

营造场景氛围也同样重要。例如，将速溶咖啡放入咖啡师拉花的场景中进行展示，在场景中利用技巧、道具等元素体现出温暖、惬意的氛围。这时，向用户推销的就不仅仅是速溶咖啡这个商品了，还包括愉悦惬意的生活。

2. 制造对比，制造“伤害”

“没有对比，就没有伤害”这句话，在产品展示类短视频的策划中，可用作提炼要点的手法。在展示某款产品时，创作者可以将传统同类商品与之进行对比，凸显传统产品的劣势，反衬目标产品在功能上的优越性，制造“伤害”，增加产品的说服力。

除此之外，价格上的对比也是十分必要的。如果目标产品在价格上具有十分明显的优势，创作者也应当在短视频中进行表达。最好能做到双管齐下，充分引起用户的购买欲，促进成交量的上升。

4.2.7 品牌推广类短视频策划要点

品牌推广类短视频的主体，大多是想要凭借短视频的优秀传播能力，扩大自身知名度与影响力的品牌主。这类短视频更多是想要给目标用户留下印象，优化品牌的形象，让用户群体加深对品牌的了解。基于此，在策划品牌推广类短视频时，需要满足以下两点要求。

1. 把握正确的品牌受众

每一个品牌都有它精准对应的目标群体，在策划品牌推广类短视频时，策划人员首先应当了解清楚品牌受众群体的定位，以及该群体的特点与需求，之后才能从目标受众的角度出发，进行视频策划工作。

例如，Jeep 汽车的目标受众大多为拥有一定经济实力的男性，年龄在 26~50 岁，因此，该品牌的策划人员在制作短视频时，就充分考虑了这类人群的喜好，尽量凸显产品的质量与格调。

2. 确保视频调性与品牌文化相符

某一品牌的风格往往是一以贯之的，存续了多年的品牌几乎很难轻易改变风格调性，于是品牌风格的保持就显得尤为重要。在进行短视频策划时，策划者应当充分照顾到特定品牌的风格定位，策划调性相符的短视频。否则，不仅达不到宣传效果，还会损害品牌形象，造成品牌方的不满，严重时，甚至可能造成客户的流失。

4.3 短视频脚本的编写方法

脚本是短视频的雏形，是演员理解故事的入口，更是导演与摄影师沟通的桥梁。编写短视频脚本不一定需要深厚的文学功底，但一定要做到要点突出且面面俱到，便于摄影师理解。如此，才能保证短视频成品的最终效果与编写思路相契合。

4.3.1 短视频脚本的作用与类型

短视频脚本是策划人员与制作团队沟通的依据，它对短视频中演员的一举一动、镜头的构成、场景的要素等细节都有严格的规定，是指导拍摄和制作短视频的重要依据。

短视频脚本分为拍摄提纲、文学脚本、分镜脚本 3 种不同类型，它们都是短视频故事轮廓的文字化表达。但不同的脚本类型，其特点并不相同，因此，适用的拍摄场景也不尽相同。

1. 拍摄提纲

拍摄提纲在拍摄中起着提纲挈领的作用，是短视频内容的基本框架，可用于提示拍摄要点，适合采访型短视频。因为在拍摄纪录片或对人物进行采访时，拍摄的实际内容与人物语言是不可控的，所以策划人员会提前编制拍摄提纲，方便在拍摄时灵活处理。拍摄提纲的组成要素如下。

- 选题：明确视频选题、立意和创作方向，为作品明确创作目标。
- 视角：表达视频选题角度和切入点。
- 体裁：明确体裁。体裁不同，创作要求、创作手法、表现技巧和选材标准也不一样。
- 风格：确认作品风格、画面呈现和节奏。
- 内容：拍摄内容能体现作品主题、视角和场景的衔接转换，让摄影师清楚作品拍摄要点。

2. 文学脚本

文学脚本与拍摄提纲相比，囊括了更多的内容细节，对后期制作的要求也更高。文学脚本需要给出所有可控的拍摄思路。在进行小说等文学作品的影视化脚本创作时，由于原著的形式往往是纯文字，因此，采用文学脚本的形式会更加方便创作。

3. 分镜脚本

分镜脚本比拍摄提纲、文学脚本都要更为详细，它既可以指导前期拍摄，又能为后期制作提供依据。

分镜脚本的特点是以分镜为单位，明确罗列每一个镜头的时长、景别、画面内容、演员动作、演员台词、配音、道具等。这样的细节虽然对策划人员的要求比较高，但却能实实在在地提高拍摄效率。

4.3.2 从不同维度策划脚本

不同账号类型和不同主题的短视频，其策划思路自然是不同的。常见的短视频脚本策划可以从产品、粉丝两个不同的角度入手，创作者可以依照自身账号的特性，选择适合自身的策划方式，并在不同场景中灵活运用。

1. 从产品维度策划脚本

具有带货或广告性质的短视频，其核心往往是产品，从产品的维度出发策划短视频脚本，是一种常见的策划思路。它的具体含义为：策划人员以脚本文案的形式，将产品的卖点转化为短视频内容，最终展现给用户。因此，一个优秀的产品脚本，至少应该具备以下三大要素，如图 4-2 所示。

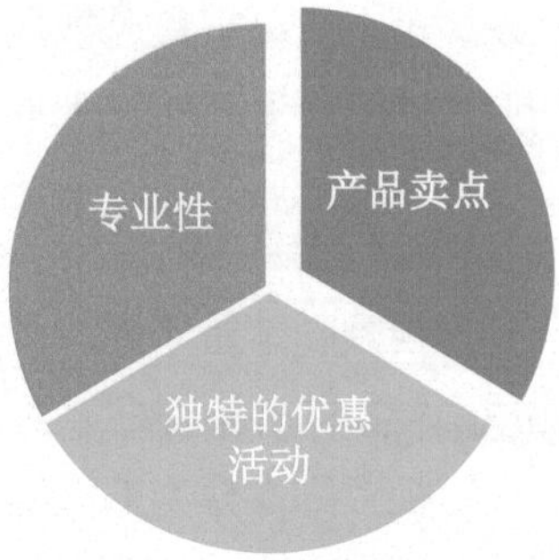

专业性
产品卖点
独特的优惠活动

▲ 图4-2 产品脚本的三大要素

（1）专业性。

专业性是产品脚本的首要内容之一，指特定产品在其领域中的可信度。创作者需要通过恰当的方式为产品“背书”，例如讲解产品中的可靠成分、生产厂家的悠久历史与可靠信誉等。

（2）产品卖点。

充分展现产品的卖点，是每一个产品脚本都需要做到的。为此，策划人员需要从多方面了解产品的优势，不管是性能、价格、外观，还是产品的附加值等，都需要明确把握并融入脚本中。在提炼卖点时，创作者既可用传统方法展示产品卖点，如经久耐用、性价比高、适宜人群广等；也可以从自己与产品的关系出发，去介绍产品特点，以得到粉丝的认可。

（3）独特的优惠活动。

仅仅用产品的专业性与卖点，有时依然无法打动一些仍在犹豫的用户。这时，用独特的优惠活动作为催化剂，往往能促使这些用户下单。这是利用了部分用户“得实惠”的心理，即使对产品并无需求，或是已经拥有替代品，也仍然会因为“买了就是赚了”这类理由下单购买。

2. 从粉丝维度策划脚本

粉丝是账号的忠实用户，更是账号流量的来源。在短视频账号运营到一定程度，已经拥有大量的粉丝基础时，需要转变策划思路，以维护粉丝为主要运营目的，增加粉丝黏性，保证流量不流失。

从粉丝角度出发策划短视频脚本，就是让策划人员换位思考，站在粉丝的角度，去思考为什么“我”会关注一个账号，以及“我”希望从该账号的短视频中得到什么。基于此，策划人员最终会发现，粉丝想要的无非是让“我”开心、让“我”看到身边不常见的、对“我”有用或给“我”带来利益。通过这些核心诉求，可以总结出粉丝脚本策划的两大关键。

（1）营造向往的氛围。

大多数用户浏览短视频都是出于放松身心的目的，策划人员可以针对这一点，在短视频内容中加入诙谐、幽默的元素，让粉丝开怀大笑。这时，粉丝们自然不会吝啬手中的“小心心”。

除了诙谐幽默外，另一部分策划人员致力于创造一个粉丝向往的世界，通过向粉丝展示“心向往之，身不能至”的远方美景、平凡人温暖又质朴的日常、走在潮流尖端的时装等，让粉丝能短暂地栖息在精神世界的“桃花源”中。

（2）解决粉丝的痛点。

粉丝关注账号一定是因为账号能给予他们需要的东西。关注健身账号的粉丝往往希望能学习简单可行的健身方法，做到在家锻炼身体；关注知识教学账号的粉丝往往想要在工作之余，为自己更多地充电；关注萌宠账号的粉丝往往非常喜爱宠物，希望能通过观看可爱的宠物缓解自己的压力。粉丝们的“想要”，就是其痛点所在。策划人员应当根据账号的不同领域，输出具有实用价值的短视频。同时还要注意视频标题的撰写，以吸引有相关诉求的粉丝观看。此类视频标题如“一列几千行如何拆分成多列？”“站着甩掉小肚腩，瘦腰腹，不伤膝”。

4.3.3 短视频脚本编写规范

短视频的体量并不大，因此，相较于电影或电视剧的脚本编写，并没有那样严苛的规范与要求。但为了保证拍摄效率，降低团队的沟通成本，在编写短视频脚本时，策划人员需要遵循以下 4 点要求。

1. 要素齐全

短视频的脚本包括 3 种不同类型，它们包含的要素不尽相同。但在策划人员编写脚本时，需要尽量囊括更多、更细致的要素。人物、景别、画面内容、演员动作、演员台词、配音、道具等都是短视频脚本不可缺少的基本要素。

2. 控制时长

短视频之所以被称为短视频，就在于它的时间短，但内容丰富。因此，在策划人员进行脚本创作时，需要在脑海中进行提前“彩排”，严格把控短视频的时长。

在控制时长的同时，短视频的内容也不能匮乏。策划人员应当不断提高创作水平，做到精简台词，多方面表达剧情，争取在最短的时长内，将表现力最大化。

3. 语言简练，字迹清晰

文字语言的表达往往具有个人性，并非每个人都能马上领悟另一个人的文字表达。所以策划人员需要在创作脚本时不断润色语言，用简单、准确的语句表达场景。

由于脚本是策划人员与制作人员沟通的依据，所以字迹一定要清晰，建议策划人员最后将脚本用清晰、易辨认的字体与格式打印出来，尽量降低团队的沟通成本。

4. 备注细致，面面俱到

脚本是策划人员将脑海中的画面转化为文字的体现，当策划人员觉得某一处画面应当加入后期特效，或是配音、配乐时，一定要将特效的类型、配乐的风格、配音的具体内容等进行明确的表述，这样才能让短视频的成品内容更加接近脚本。

4.3.4 利用模板快速编写脚本

拍摄提纲、文学脚本和分镜脚本 3 种短视频脚本，在不同的短视频场景中具有不同的作用。下面分别提供这 3 种脚本类型的模板，供策划人员参考。

拍摄提纲就像是为拍摄划定了一个大的框架，并把握住关键要点，确保后期拍摄不出现大的偏差。拍摄提纲的表格模板如表 4-1 所示。

表4-1 拍摄提纲的表格模板

《XXX》拍摄提纲		
1	创作意图	
2	记录对象	
3	拍摄提纲	片头、镜头1、镜头2、镜头3……
4	拍摄思路	
5	其他工作	

在创作者刚开始学习脚本编写时，可以采用拍摄提纲的形式来进行内容大纲的编写练习，之后再进阶到更完整具体的文学脚本或分镜脚本。

文学脚本的形式较为简单，主要要求列出特定拍摄场景中的重要元素。下面是一个简化形式的文学脚本范例。

【场景】

（1）（画面淡入）远景拍摄漆黑的街道，一个独行的女生在昏暗的路灯下行走。

（2）（中景）正面拍，女生怀里抱着一束花向前走。

（3）（近景）女生右手拎着一个蛋糕，蛋糕盒子外的透明塑料袋透出形状为数字“8”的生日蜡烛。

（4）（全景）一名男子远远跟着女生。

（5）（近景）拍膝盖以下二人的脚步，男子与女生的距离越来越近。

（6）（近景）拍摄上半身，男子已经走到女生身后，伸手接近女生的肩膀。

（7）（特写）女生回头，表情惊恐。

（8）画面黑。

分镜脚本在3种脚本类型中，对细节内容要求最为具体，也最能完整体现策划人员的思路。若将前文的文学脚本改写为分镜脚本，则如表 4-2 所示。

表4-2 短视频分镜脚本

镜号	时长（秒）	景别	技法	画面内容	字幕	道具	配乐	其他
1	2	远景	切入	女生在漆黑的街道上行走，路灯昏暗	/	女演员	/	实景拍摄
2	1	中景	切入、切出	女生怀中抱着一束花	/	捧花	/	实景拍摄
3	3	近景	切入、切出	女生右手拎着蛋糕，透过蛋糕盒子外的透明塑料袋看到形状为数字“8”的生日蜡烛	/	蛋糕、蜡烛	/	实景拍摄

续表

镜号	时长（秒）	景别	技法	画面内容	字幕	道具	配乐	其他
4	2	全景	切入、切出	一名男子远远跟上女生，看不清长相	/	男演员	诡异的配乐响起	实景拍摄
5	2	近景	切入、切出	拍摄膝盖以下，男子离女生越来越近	/	/	配乐渐强	实景拍摄
6	2	近景	切入、切出	拍上半身，男子已经走到女生身后，伸手接近女生的肩膀	/	/	配乐达到高潮	实景拍摄
7	2	特写	切入、切出	女生回头，表情惊恐	/	/	戛然而止	实景拍摄

通过表 4-2 所示的分镜脚本，可以看出分镜脚本几乎囊括了短视频表达的所有细节。同时，分镜脚本的条理非常清晰，形式便于理解，是短视频最常使用的脚本类型。

4.4 高手私房菜

1. 坚持垂直领域的好处，你想象不到

垂直领域相对于传统领域，分类更加细化，也更容易留住观众。如今，几乎所有的短视频团队都明白在短视频内容方面坚持垂直领域的重要性，但对于这背后的原因却很少有人能说明白。其实，坚持内容垂直的原因在于以下两大益处。

（1）获得标签化推送。

大部分创作者都是从零开始运营账号的，在“养号”时就会关注并浏览同领域的短视频，然后逐渐开始持续以同一领域的细分内容为素材发布短视频。这样做是为了让短视频平台给短视频贴上标签，视频发布之后，平台就可以以标签为依据将视频推送给喜欢这一领域的用户观看，让视频可以获取更多的点赞、评论和关注，而不会将视频推送给对这方面内容不感兴趣的用户。

（2）获得更多的裁判流量。

什么是裁判流量呢？裁判流量是指视频发布时获得的第一波流量，由于以是否可以进入下一流量池来进行裁定，因此被称为裁判流量。

设想这样一种情况：一个账号在发布短视频时，一会儿发布 A 内容，一会儿发布 B 内容，并不坚持内容垂直，这会导致什么后果呢？在初次推荐时，系统会将 A 内容推送给相关用户，但用户中喜欢 B 内容的可能并不喜欢 A 内容，这就会使视频的完播率和点赞率都很低，视频无法获得大量流量，被淹没在众多视频中火爆不起来，自然也无法进入下一流量池。同样地，发布 B 内容视频也会失去喜欢 A 内容的用户的关注。长此以往，大部分用户往往会失去对账号的兴趣，对于账号而言，也就无法持续有效地积攒人气，获得理想的发展。这也是短视频账号要坚持垂直领域发展的原因。

2. 拍摄卖货短视频的“四大路数”，省心不省效果

短视频是销售商品的绝佳渠道之一。因此，平台上涌现出大量的卖货播主，相对地，观众对短视频营销的“抵抗力”也越来越强。那么，新手卖货播主怎样才能最大限度地发挥短视频的宣传效果呢？笔者总结了卖货短视频的 4 种拍摄形式，按“路数”拍摄，不仅省心省力，而且效果显著。

（1）场景拍摄。

任何商品都有使用场景。场景拍摄的本质是用知名的人和事来引出生活中的使用场景。通过一系列的商品使用展示，用户觉得自己也可以在这样的场景中使用该商品，并通过使用该商品获得便利，从而激发购买欲望。

例如，推广紫外线除菌刀架的短视频，就是将产品放在厨房的实际使用场景中进行拍摄的。除此之外，还展示了除菌刀架的使用方式、拆洗方式等，如图 4-3 所示。

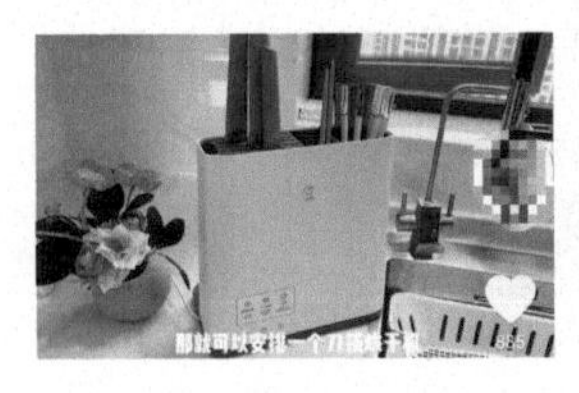

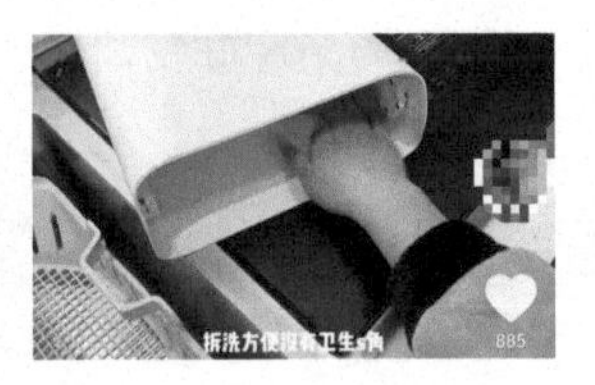

▲ 图4-3 紫外线除菌刀架的使用场景

（2）讲解式拍摄。

讲解式拍摄相比其他形式有一个显著特点，即不需要真人出现在镜头里。视频画面专用于展示商品，画外音则可以详细讲解商品的痛点和好处。

例如，在拍摄关于除螨喷雾的短视频时，播主仅手持商品出镜，不需要露脸。画外音首先道出用户的痛点：玩偶、抱枕、沙发并不方便清洗，却会滋生螨虫，严重时可能影响健康。之后再在实际场景中展示除螨喷雾的方便之处，只需要对准需要除螨的物品喷一喷，甚至不会打湿物品，最大程度地展示商品的特性，如图 4-4 所示。

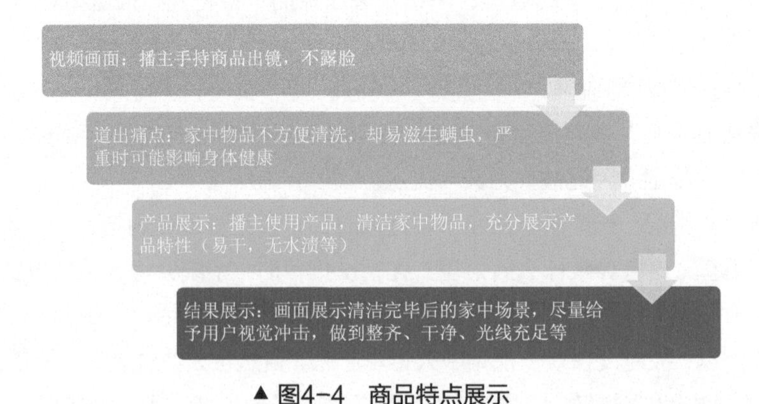

▲ 图4-4 商品特点展示

（3）仪式感拍摄。

仪式感拍摄是指赋予商品仪式感，即情感意义，并将商品转化为连接情感的纽带。例如，

将咖啡机与高质量生活联系起来，并表现在标题文案和视频内容中，给用户以心理暗示：拥有咖啡机等于拥有高品质的生活。

基于此，策划人员可以利用这一点，先在文案中创造一个用户向往的场景；其次，利用镜头最大化商品的象征性，并搭配合适的音乐，为商品烘托氛围；最后，在起草标题时，直接指出商品的情感价值。

（4）情景剧拍摄。

对于以情景剧形式卖货的短视频，其拍摄形式的关键在于，视频情节应具有足够的吸引力，以增强销售商品的效果。新手可以先尝试重新制作或改编流行的想法，然后在熟练后独立规划。

3. 美妆账号的六大营销模式及带货形式，玩转短视频+直播

短视频平台上的许多美妆账号看起来似乎都是一样的，但其中隐藏着一些玄机。美妆品类的带货率很高，而且产品的客单价一般不高，非常适合大量带货。那么，新手怎样才能在美妆领域中取得成功呢？笔者总结了美妆账号的六大营销模式及带货形式，供新手短视频团队参考，如表 4-3 所示。

表4-3 美妆账号的六大营销模式及带货形式

序号	营销模式	带货形式
1	真人出镜+分享自己的美妆心得	短视频“种草”+ 固定上新直播带货
2	真人出镜Vlog+分享外国化妆品批发经验	固定时间直播吸引粉丝+精选推荐
3	剧情演绎+妆前妆后对比	短视频产品植入+橱窗推荐产品直播
4	男女反转+男女化妆前后反差	短视频“涨粉”+ 直播带货推荐
5	好物“种草”，分享好用、好玩、省钱的产品或是小技巧	短视频“种草”+ 产品推荐
6	按产品功效、成分、对比来进行开箱拍摄及产品试用	店主精选“种草”+ 固定时间促销

利用以上美妆账号的六大运营模式可以将短视频与直播精准结合，垂直输出优质的短视频内容。新创短视频团队可根据表 4-3 选择适合自己的营销模式和带货形式。

第5章 不可忽视的标题与内容文案

本章导读

短视频的标题与内容是其两大重要组成部分，标题影响视频被系统审核时分配的流量及观看视频的用户数量，而内容则决定着用户在浏览视频后是否点赞或评论。本章将讲解短视频内容的创作方法及优质标题的设计方法，帮助创作者提高这两方面的技能，以获取更多的流量。

本章学习要点

- 改编与借鉴内容模板的方法
- 原始资料内容的供应链
- 设计爆款标题的关键点
- 撰写优质文案的要点与技巧

5.1 内容从何而来

短视频的内容一方面来源于深耕垂直领域的策划人员的专业知识储备，另一方面也来源于策划人员对热门内容、热门背景音乐等内容模板的改编与借鉴。下面重点说一下改编与借鉴。

5.1.1 改编与借鉴

改编与借鉴同抄袭是完全不同的概念，要知道，抄袭是短视频平台坚决抵制的行为，创作者千万不可以身试法。改编与借鉴是指创作者将已经成为爆款或者讨论度极高的作品作为模板，在内容模板上进行更深入的创作和创新，目的在于二次挖掘模板的潜在流量，并非复刻模板的内容。

内容模板的选择非常重要，一方面需要作品本身的热度高到一定程度，另一方面策划人员需要判断该模板的改编是否属于自身账号的垂直领域。

例如，抖音账号“Strictlyviolin 荀博”是一位擅长小提琴演奏的播主，他曾在短视频中多次将热门背景音乐，如《芒种》《通天大道宽又阔》，以及电视剧《顶楼》的背景音乐等用小提琴进行演奏，获得了众多用户的喜爱与点赞。

5.1.2 找到内容“供应链”

对内容模板的改编与借鉴并非短视频内容创作的长久之道，但却是助推流量的重要环节。因此，策划人员需要找到合适的内容“供应链”——内容模板来源，再根据源头的内容模板，结合自己的创作，不断地产出新的内容。

以抖音为例，策划人员在抖音注册账号进行短视频发布，则需要遵循抖音的生态环境，在抖音中寻找热门内容作为内容模板。而抖音的热门内容每天都会在搜索界面进行公示，不论是当日热点，还是热门音乐，在这里都一览无余，如图 5-1 所示。

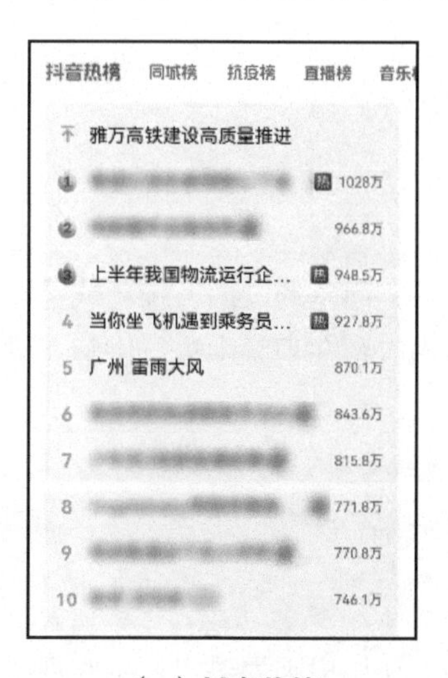

（a）抖音热榜

（b）音乐榜

（c）音乐榜的详细内容

▲ 图5-1 2022年7月的抖音热榜和音乐榜

图 5-1 就是内容供应链。其中，图 5-1（a）为抖音搜索界面中的“抖音热榜”，每日的抖音热点都会以排行榜的形式展现在这里；图 5-1（b）为“音乐榜”，此处展现抖音音乐的热度排名，可以看到图中排名第一的是歌曲《给你一瓶魔法药水》；图 5-1（c）为音乐榜的详细内容，分为“热歌榜”“飙升榜”“原创榜”“看见榜”等几个排行榜，将抖音热门音乐进行了更加细致的分类，方便策划人员寻找内容模板。

5.2 设计短视频标题

无论是文章、歌曲还是短视频，标题对作品的影响都至关重要。标题决定了作品给人的第一印象，向人们透露了作品的关键信息。好的标题能帮助短视频获取更多的流量，收获更多关注。

5.2.1 常见的短视频标题类型

短视频标题的设计体现着策划人员对用户的把控能力。短视频领域常见的热门标题有 7 种类型，如图 5-2 所示。

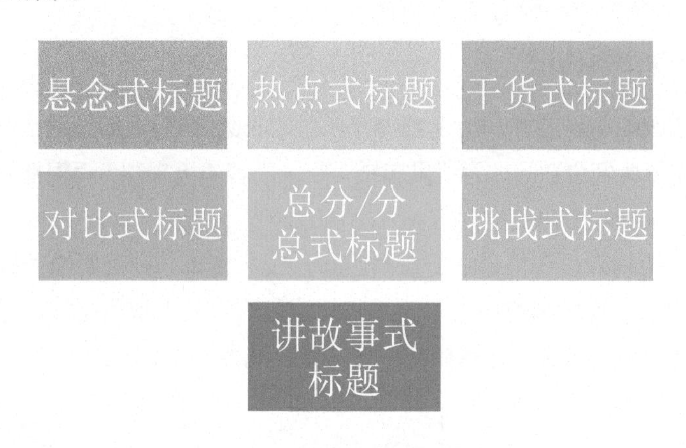

▲ 图5-2 常见的短视频标题类型

1. 悬念式标题

悬念式标题是指在标题中并不直接道出短视频的具体内容，而是通过语言技巧或是设问等方式，激发目标用户的好奇心，促使用户点击观看，具体内容留在视频中进行讲解。以下是悬念式标题的示例。

- 厨师错把白糖当盐放！刁钻食客大发雷霆，结局竟然反转
- 你是什么血型？ A 型血竟然藏着这样的秘密

2. 热点式标题

热点式标题，就是将热点内容有技巧地嵌入标题文案中，让用户因为热点产生对视频的兴趣。热点式也常常与其他标题形式结合在一起使用，达到“多重轰炸”用户的效果。

以热点“9月2日晚众多网友拍摄到，天空划过‘不明光线’”为例，相关视频的标题为“内蒙古鄂尔多斯市空中划过一道‘神秘光线’，气象局回应来了”“华北、华西多地天空出现的不明光线，官方解释为：航迹云反光！”等。这些标题都是“热点+相关后续内容”的形式，这类标题形式的优点在于，既为了解热点的观众提供了后续内容，又为不清楚热点的观众“复述”了一遍事情经过，还能踩准热点，获取相关流量。

3. 干货式标题

干货式标题的形式较为丰富，常用的有以下3种，核心都是利用干货知识引起用户的兴趣，为用户解决问题。

- 第一种形式：点破精准用户的困扰，并提出实用锦囊。例如，“家长喂饭什么时候是个头？3个诀窍让宝宝自己爱上吃饭”。
- 第二种形式：针对具体领域，提出知识缺口。例如，“如何优雅地与老板谈工资？学会这4个职场思维很关键”。
- 第三种形式：抛出大众关心的常见问题并做出权威解读。例如，“刚出生的宝宝怎么抱才舒服？这些知识要了解”。

4. 对比式标题

对比式标题的关键原理在于利用人们的认知心理，将事物、现象放在一起比较，制造出冲突性看点。对比的差异越大，往往越吸引人。对比式标题主要包括时间对比、境遇对比、立场对比。对比式标题示例如下。

- 大驸马好惨一男的，又胆小又萌，却娶了最霸气的公主
- 面包车连闯5个红灯，交警终于拦停后，却主动为违章车辆开路

5. 总分/分总式标题

总是指对事件的总概括，分是指事件的具体内容要素，总分/分总式标题对要素与概括的排列不同，但其要义都是将最吸引人的部分放在标题最显眼的位置。

总分式标题是将事件概括放在最前面。例如，“客人剔过牙的木签不洗直接串菜！火锅店旧菜新用，后厨卫生状况令人反胃”。

分总式标题会因为事件的具体要素更容易“博眼球”，而将其放在标题之首。例如，“××× 都只能跑龙套！这才是最被 ××× 低估的一部电影”。

6. 挑战式标题

挑战式标题旨在通过挑战用户对事物的固有印象，激发他们的好奇心。例如，“三胎家庭装修无电视、电脑！孩子却每天都很快乐，这对父母到底有何育儿妙招？”。设计挑战式标题的关键是找到有悖常识的信息点，与常识建立对立关系，灵活运用设问、反问，增强语势，增加悬念，引发用户的兴趣。

7. 讲故事式标题

有画面感和冲突感的讲故事式标题会大大提升标题的表达效果。讲故事式标题可细分为

突出画面感与创造戏剧冲突两大类。前者的示例为“后来我的玫瑰惊艳了种麦子的男孩，赢得了生活，也胜在了浪漫”；后者的示例为“幸福大概就是一边说着最狠的话，一边做着最心疼你的事”。

5.2.2 短视频标题设计的五大关键点

标题对于短视频的作用如此重大，那么策划人员应当如何为自己的短视频作品设计最具吸引力的标题呢？其实，短视频标题一般是从以下五大关键点出发进行设计的。

1. 激发用户好奇心

激发用户好奇心，是吸引用户点击视频最好的办法。与此同时，悬念可以增强人群的参与深度和长期黏性，有利于维护用户的稳定性。在制造悬念之前，策划人员需要摸准用户痛点，再运用一定的语言技巧将这个痛点体现在内容之中，最后运用反问或疑问句式提炼出标题文字。例如，“和孩子一起遇到这种情况，你会怎么办？”“这个女人 50 岁了竟然还不认识自己亲妈？背后真相令人动容”都是能激发用户好奇心的标题。

2. 创造用户期待

用户通常会对感兴趣却因为各种原因在短时间内无法触碰的事物充满期待，例如未更新的影视剧、即将举办的体育赛事等。将与之相关的内容融入短视频，并将内容标签放置到标题中，便能轻而易举地吸引大量用户。例如，短视频标题“热播电视剧周五 22:00 大结局！最强反转剧角色何去何从”就是一个典型的创造用户期待的标题。

3. 击中用户痛点

策划人员首先需要明确短视频内容的主要受众群体，然后在分析用户痛点时找准用户的身份、职业、生活环境、年龄等特征，最后依据这些特征衍生的用户需求编写标题文案。例如，“短视频运营遇困境？告诉你短视频领域没人敢说的实话”，就是专业讲解短视频运营相关知识的账号针对自身用户群体——短视频运营人员，专门编写的标题。

4. 引发用户共鸣

引发共鸣，是在精准剖析用户的情感世界和价值观后，利用尖锐的文字直击用户的内心，调动他们的真情实感。引发用户共鸣的标题是吸引用户评论、转发短视频的利器，能使用户在观看视频后久久无法忘怀，从而增强用户黏性。例如，剧情类账号的短视频标题“女人固然是脆弱的，母亲却是坚强的”，以及“得意时，朋友认识了你；落难时，你认识了朋友”，二者都是非常能引发用户共鸣的标题。

5. 学会借力热点

在标题文案中添加热点信息，可以促使平台将短视频推送给更多的用户，因为热点本身已经通过了平台的推送机制测试，策划人员可以直接将其应用到标题中。以热点“七夕节”为例，短视频标题“七夕要来了，这些礼物你的女友不可能不喜欢”“还没做好七夕攻略的，可以进来抄作业了”，都是借力热点的短视频标题。

除了以上五大关键点外，在编写标题时，策划人员还可以巧用数字、工具增强用户的代入感。

5.2.3 爆款标题示例

前文已经讲述了常见的7类短视频标题，但常见标题并不一定都能使视频顺利成为爆款。在调研了大量爆款短视频后，笔者总结出三大爆款标题类型，分别为列数字式、做对比式、代入式。爆款标题的示例如表5-1所示。

表5-1 爆款标题示例

序号	标题类型	示例
1	列数字式	一分钟学会5个小技巧 三招让你的家常菜秒杀小餐馆 5个关键词助你打造出彩文案
2	做对比式	月薪3000元和月薪3万元的人生活有什么不同 防晒霜vs防晒喷雾，哪种防晒效果更好
3	代入式	有一个小自己18岁的妹妹是什么样的体验 1000块钱穷游马来西亚是什么体验 你知道每天只睡5个小时是什么感觉吗 30岁不到，就用自己的存款买下3套房子是什么感觉

名师提点

爆款标题中常见的15个关键词：如何、揭秘、透露、曝光、首次、事实、赚钱、省钱、最新、免费、终于、限时、必须、科学、原来。

5.3 撰写优质文案

在学会设计爆款标题后，撰写短视频文案是策划人员需要学习并练习的下一个重点。空有“博眼球”的标题，缺乏有质感的内容作为支撑，短视频终将沦为“标题党”。要想让短视频账号获得更好、更长远的发展，文案是绝对不可忽视的。

5.3.1 常见的短视频文案类型

短视频文案因为其领域与表达形式的不同，往往是多种多样的，但都有一个共同点，就是需要在短时间内调动用户的情绪。以调动用户情绪的不同方式进行分类，常见的6种短视频文案类型如下。

- 互动型。这类文案语句以疑问或反问居多。例如，“你支持谁？”“你怎么认为呢？”。

- 叙述型。叙述型短视频文案往往采用富有场景感的故事或段子吸引用户，自顾自地把故事讲完，互动性较差，但内容往往比较容易打动用户。例如，短视频文案“记救它回来的第39天，从最初的1只猫，到现在第5只，想问问，有想来偷猫的吗？”。
- 悬念型。悬念型短视频文案是为完播率而生的一种文案类型。为了获取更长的界面停留时间，策划人员往往会在文案中加入“一定要看到最后”“最后一种笑死我了”这样的话语。例如，短视频文案“3样买了就离不开的出租房好物，均价不到5元，最后一样绝了”。
- 段子型。策划人员将热门段子植入文案，文案本身与段子或许毫无关系，但是这种方式可以增强内容的场景感。例如，短视频文案“公司所有程序员都解决不了这个bug，老板默默打开外卖软件”（bug：缺陷），就是加入了“外卖小哥无所不能”的段子。
- 恐吓型。这类文案大多对用户进行提问，让用户对一些生活常识或是身边的常用产品产生怀疑，再进行知识科普。例如“我们每天都在喝的它，你真的了解吗？”。
- 共谋型。这类文案往往用温情的方式鼓舞用户，让用户觉得自己也能实现视频中的效果。例如，“1个月掉秤15斤，你也可以做到”。

5.3.2 撰写优质文案的四大要点

衡量视频是否是爆款，无非是从点赞量、评论量、转发量、完播率 4 个标准入手。从保证这些数据的角度出发，可以总结出撰写优质文案的四大要点。

1. 蹭热点

蹭热点在前文已经详细讲述过，它对于新入门的创作者来说，是最简单、最易复刻的办法，能在短时间内带来非常高的流量，拥有普通选题无法企及的优势。例如，播主可以以最近的热门话题开头，如“苏炳添在东京奥运会中表现不凡，最后拿下男子百米决赛的第六名，那么近十年来，在田径比赛中崭露头角的中国选手还有哪些呢？”。

2. 低门槛

能爆火的内容一定是老少咸宜的，低门槛、大众性，保证了内容在平台中的传播不受到任何理解上的阻碍，任何爆火的东西都存在这样的逻辑。保证低传播成本，才能获得更多的点赞与转发。例如，所有短视频 App 中，最受欢迎的视频一般都是幽默搞笑的，因为这类短视频不需要任何理解门槛，不论何种年龄、性别、学历的观众，都是这类内容的受众。

3. 引发共鸣或争论

共鸣是用户对视频内容的感同身受，争论则是用户各执己见、互相辩论。引发共鸣可以得到支持与认同，而引发争论则是可预判用户对观点不认同，并激起用户的争辩欲。两者都容易带来用户的热议，增加评论量，从而带动话题，将视频推上爆款的宝座。

例如，在点评关于“公司长期欠薪不发”这类话题时，播主可以多站在打工者的角度进行分析与思考，仗义执言，强调欠薪对于打工者权利的侵犯，以及公司在社会责任感上的缺失，以引起大部分观众的共鸣，获取更多点赞。

4. 名人效应

大部分用户都有自己喜爱的公众人物。策划人员可以利用名人效应，通过对名人进行现场采访、邀请演员客串演出等，或者对与名人有关的故事进行讲解等方式，让用户在崇拜偶像的同时接收账号的价值信息。

例如，娱乐账号在短视频中写道“啥叫无视年龄的美丽，堪称中年女性典型代表的就是女演员 ×××……当代女生们也应当学习她独立、豪爽、不服输的个性，敢作敢当”。这段文案既提到了高知名度的女演员，又输出了自己的观点，是十分典型的利用名人效应的文案。

5.3.3 案例剖析文案设计技巧

短视频文案讲究“新奇好玩、长话短说”，策划人员需要多次对文案进行优化，每次优化的时间不需要很长，但力求语言简练，且重点表达到位。下面以一条短视频文案为例，逐句地讲解文案设计技巧，如图 5-3 所示。

文案	技巧
“今天我要揭一个秘”	开门见山，直奔主题，吸引用户
“你可能从来都没有听到过自己真正的声音”	现实场景描述，调动用户思考
“因为平时我们听到自己的声音是通过骨传导，而别人听到我们的声音是通过空气传导或是电子设备”	专业讲解，提升用户认可度
“说白了，传播的媒介不同，当然声音也不相同”	通俗解释，便于用户理解
“大家可以用手机录制自己朗读的声音，然后听一下”	行动号召，发动用户体验
“如果你对自己的声音并不是很满意的话”	直击用户痛点
“记得点赞关注我”	行动号召，引导用户关注、点赞，链接用户

▲ 图5-3 短视频文案设计技巧

图 5-3 左侧的短视频文案全长不超过 1 分钟，话语寥寥，但是每句话都有其不可或缺的作用。从开头语部分“今天我要揭一个秘”，策划人员就牢牢把握住了“黄金三秒”原则。“黄金三秒”是指短视频文案需要在视频开头三秒内吸引住用户，避免用户直接划走，保证视频的播放量与完播率。

在中间部分，文案也做到了用简单的 3 句话完成“提出问题、解释原理、行动号召”的整个过程，语言简单却行云流水，自然顺畅地引导用户的思维，用户在观看后，对播主发起的行动并不会产生抗拒。

接着直击用户的痛点，并再次进行行动号召。在生活中，的确有许多人对于自己的声音是不自信的，这不仅仅是指歌声是否优美，而是由于声音音色比较特殊或其他原因，在公众场合无法做到落落大方地发言，甚至发展成内心的自卑。文案中提出的两次行动都简单、易操作，对于的确存在这方面需求的用户而言，点赞关注该账号，对自身有利无害。因此，整体文案成功引导了用户行为，并达到了最终效果，是优质文案的典范。

5.4 高手私房菜

1. 用“爆款思维”运营短视频账号

短视频不是人人都能玩转，但也并非所谓的“专业人士”如导演或摄影师的专长。事实上，短视频要求玩家摆脱传统思维，具备“爆款思维”，这样才能全方位提升账号的各项数据。“爆款思维”的具体要求如下。

- 在发布前5～10条短视频作品时，抓住宝贵的平台推荐红利，全力做好改编、模仿同类目优质作品的工作。
- 设计好短视频标题。短视频的标题要简短且具有普遍性，要能引发用户的好奇心。
- 学会转化。把大段的知识内容用文本代替，这样既能缩短时长，又不失知识点和价值点。
- 中段高潮。在短视频的中部，尽量再次抛出疑问以吸引用户，使用户的兴趣延续不断。
- 适当将作品的关键信息或知识点时间调快，使用户意犹未尽，引导用户下载视频或者重新观看视频，以提升转发率和完播率。

2. 用“破播放”法打热短视频账号

“破播放”是指在账号运营初期，利用平台的算法特性，选用“必爆”内容冲上热门。账号所有的标题文案和视频封面等内容都不能随便发布，“破播放”法要求创作者具备算法思维，明确何种文案能提高评论率和完播率，为账号打牢基础。那么，如何做好“破播放”呢?

“破播放”的核心在于破完播率，在短时间内无法提升视频内容质量时，提升完播率最直接的方法是缩减短视频作品的时长，例如将其控制在 10 秒左右，使故事或知识点在用户意犹未尽时戛然而止。另外，为了提升视频完播率，创作者也可以利用一个小技巧，即在标题和内容话题中添加大部分用户都感兴趣的话题。例如，如何成功投资、创业、理财等。事实也表明这类短视频作品的完播率比较高。

在视频文案方面，创作者需要提前进行大量知识储备，浏览爆款视频，总结爆款文案的规律，并进行练习。在技巧成熟时，再进行短视频发布。同时，在标题文案中插入热门话题，特别是时下最热门的社会话题、娱乐话题、流行影视作品或音乐作品等，最大限度地吸引用户。在视频发布时添加位置地点，也是获取流量的好方法之一。

除此之外，短视频的封面设计中，也要突出关键话题或内容中的吸睛点。

3. 这样编写视频标题文案，反馈度大大提升

视频标题文案是视频内容的说明或补充，它能增强视频的表达力，将难以用视频呈现给用户的内容用文字的形式体现出来。掌握编写标题文案的技巧，能大大提升视频的反馈度。在考虑标题文案时，策划人员可以围绕 3 个方面进行，分别是引导、预告和互动讨论。

引导指在文案中引起用户对视频内容中不同行为或价值观的争议，让评论区热闹起来，或是隐晦地引导用户进行转发、评论及点赞。特别注意：此处的引导不能太直接，例如直接请用户点赞、评论、转发的做法是不推荐的，账号容易被降权。

预告是将视频内容中的精华部分或是最吸引人的部分在文案中点出，但却“含而不露”，吊起用户的胃口，引导他们观看视频。

互动讨论是指标题文案的设置可以利用一定的语法技巧，例如对用户提出疑问、反问等，引起用户回答的欲望，提高评论率。

除此之外，标题文案最好不要超过 30 个字（15 字左右最佳），将关键词、引导等浓缩在一句话中。

第6章 短视频拍摄前置知识

本章导读

短视频的拍摄是决定视频最终质量的重要环节，不管是视频拍摄的前期准备，还是拍摄过程，乃至后期制作，任何一个细节都可能会影响到短视频的质量。因此，在视频拍摄之前，创作者需要了解发布平台对短视频的各项要求，并对短视频拍摄的前期准备工作，以及拍摄、制作的流程和内容做到精准把控，这样才能快速、高效地拍摄出优质的短视频作品。

本章学习要点

- 短视频的各项规范
- 短视频拍摄的前期准备工作
- 短视频拍摄所需的软硬件
- 短视频的后期制作流程

6.1 不可不知的短视频规范

短视频不能说拍就拍，当摄影师按下录制键那一刻，有许多参数值就已经默认了，例如画面比例、分辨率、横竖屏等。但不同的短视频平台，对于上传视频的各项参数值有明确的要求与规定。因此，创作者在拍摄工作开始前，需要了解清楚入驻平台对视频的各项要求，这样才能保证拍摄工作高效有序。

6.1.1 画面比例

画面比例，简单来说就是视频画面的长与宽之比，不同的画面比例对用户观看体验的影响是不同的。画面比例的演化往往受传播媒介发展的影响。

4∶3 是标清电视，即标准清晰度电视（Standard Definition Television）的画幅，主要对应现有电视的分辨率量级，其图像质量为演播室水平。后来，由于科技的发展和时代的变迁，4∶3 视频比例慢慢消失在人们的视野当中，取而代之的是现在流行的 16∶9 的视频比例。

16∶9 是高清晰度电视（High Definition Television）的画幅，它的图像质量可接近或达到 35mm 宽银幕电影的水平，也是如今大部分视频平台推荐的视频比例。例如，西瓜视频、哔哩哔哩、爱奇艺、腾讯视频等平台，都支持或推荐 16∶9 的视频比例。

现今，短视频主要以手机为传播媒介，9∶16 的视频比例成了“视觉新宠”，被广泛应用于抖音、快手等短视频平台。事实证明，这种视频比例也确实提升了用户手机浏览短视频的体验。图 6-1 为 9∶16 的短视频画面显示效果。

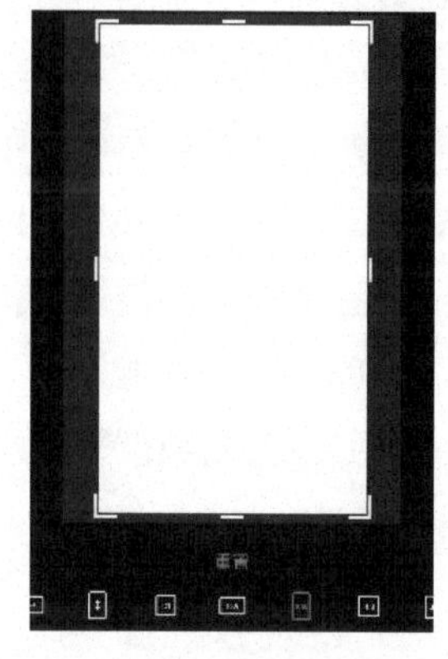

▲ 图6-1 9∶16的短视频画面

除此之外，某些电商平台的主图短视频画面比例较为特殊。例如，淘宝和拼多多的主图短视频除了支持电商平台比较常见的 9∶16 的视频比例外，还支持 1∶1 与 3∶4 这两种富有平台特色的视频比例，如图 6-2 所示。

▲ 图6-2 1∶1与3∶4的短视频画面

6.1.2 分辨率

为了保障用户的观赏体验，短视频平台对视频分辨率有一定的要求。例如，抖音、快手等平台要求在竖版视频中分辨率不低于 720 像素 ×1280 像素，建议分辨率为 1080 像素 ×1920 像素。当然，也可以上传或制作横版视频，要求分辨率不低于 1280 像素 ×720 像素，建议分辨率为 1920 像素 ×1080 像素。

除抖音、快手等专业短视频平台外，哔哩哔哩、爱奇艺、优酷等平台在传统的横版视频中，分辨率建议为 1920 像素 ×1080 像素。另外，哔哩哔哩目前已经全面开放 4K 画质投稿。4K 是指超高清分辨率，在此分辨率下，观众将可以看清画面中的每一个细节、每一个特写。它不同于目前家用高清电视的 1920 像素 ×1080 像素，也不同于传统数字影院的 2K 分辨率的大屏幕 2048 像素 ×1080 像素，而是具有 4096 像素 ×2160 像素的超精细画面。

6.1.3 文件格式

人们常说的视频格式，专业说法为视频的封装格式，是视频制作软件或者摄像设备通过不同的编码格式对视频进行处理后得到的文件格式。其中，以 MP4 格式最为常见，它具有兼容性强、允许在不同的对象之间灵活分配码率、能在低码率下获得较高的清晰度等优点。

今天，大部分短视频平台都支持常用视频格式的上传，除 MP4 外，还支持 FLV、AVI、WAV、MOV、WEBM、M4V、3GP 等格式。

抖音平台支持常用的视频格式，但推荐使用 MP4 与 WEBM 格式，快手平台的视频格式也以 MP4 为主。哔哩哔哩的网页端、桌面客户端推荐上传的视频格式为 MP4 与 FLV。

淘宝的主图短视频几乎支持所有的视频格式，这是由于淘宝后台会对上传的视频进行统一转码审核，极大地方便了用户的上传操作。

6.1.4 视频时长

由于各方面的原因，短视频平台对视频的时长要求也不尽相同。例如，抖音平台最初仅支持上传 15 秒时长的视频，而到 2022 年，抖音视频的时长已经延长到 15 分钟，只是要求视频文件的大小不超过 4GB。

目前，抖音已经向全平台用户开放 60 秒视频权限，如果用户想要上传时长为 1~15 分钟的视频，可以进入“反馈与帮助”栏目查看具体操作，如图 6-3 所示。

西瓜视频和爱奇艺对视频时长并没有强制性要求，只将视频文件大小限制在 8GB 以内。但根据调查，4 分钟为西瓜视频最适合的时长。哔哩哔哩则要求单个视频时长不得超过 10 小时，且视频文件要小于 8GB。

短视频的时长标准目前在业界并没有明确的规定，但基于用户有限的耐心，以及碎片化的浏览场景，创作者需要尽可能地丰富短视频的内容，并将视频时长控制在用户能接受的时间范围内。

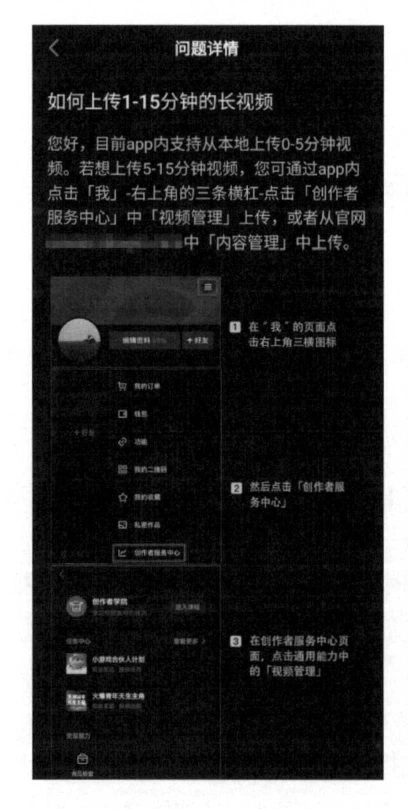

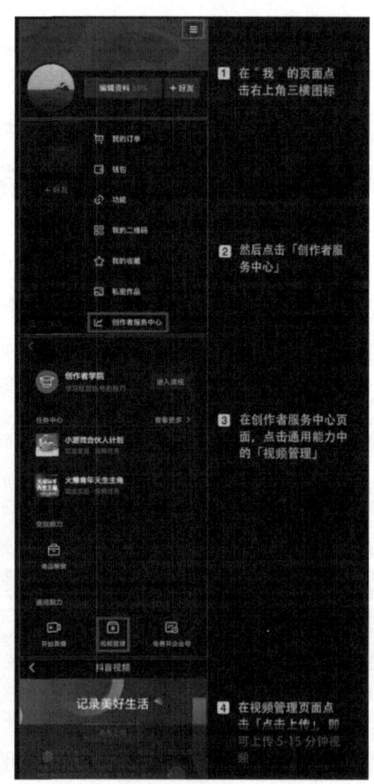

▲ 图6-3　在抖音中上传时长为1～15分钟视频的方法

6.1.5　横竖屏

横屏是视频播放的经典形式，竖屏则是依托短视频而诞生的播放形式，要断定二者谁能“称霸”短视频时代，还为时尚早，横屏与竖屏各有其无可取代的适用场景。

“竖屏热”的兴起与智能手机的普及，以及网络资费的降低有着很大的关系。在人手一部智能手机的时代，打发碎片化时间的方式已不只是书本、MP3 等，还有集这些功能于一身的智能手机。MOVRMobile 的报告显示，在 94% 的时间里，大众习惯将手机竖向持握而非横向持握，这导致竖屏视频的完播率要高出横屏的 9 倍，视觉注意力高出 2.4 倍，甚至竖屏广告的点击率都高出横屏的 1.44 倍。于是，为了把握住“竖屏红利”，各大平台纷纷开始开发能够竖屏观看的内容。同时，从内容生产者的角度来说，相较于宽画幅的横屏，单手手持就可拍摄的竖屏视频的拍摄成本更低。

对于许多主流视频平台，如哔哩哔哩、腾讯视频、优酷等，它们中的大部分视频依然采取的是横屏播放模式。这不仅仅是为了服务 PC 端的用户，更是为了在播放时长较长的视频时，给用户创造如同电影般专业的视觉感受。

从目前已有的行业生态来看，除了短视频平台，其他领域对于竖屏视频的尝试仍然处于试探的阶段。从行业的发展来看，竖屏视频已经开始成为移动视频的主要形态之一，但它未来会在整个视频内容体系中占据什么样的地位，还得交给时间来回答。

6.2 拍摄流程快速通

由于短视频的拍摄受许多因素的影响，并不是随时随地都可以达到理想效果，因此，创作者需要宏观协调短视频的所有工作，保证拍摄的高效进行。

6.2.1 短视频拍摄前的准备工作

短视频在开拍前，需要进行多方面的准备工作，以满足短视频拍摄所需的各项条件。根据常规拍摄团队的实际拍摄经验，前期准备工作可以总结成三大步骤与九大注意事项。其中，三大步骤具体如下。

（1）定场景。定下短视频的拍摄场景是室内还是室外，是城市环境还是海边这样的自然环境，具体地点是阳光下的草地还是狭窄的小巷等，并与需要提前沟通的场地方进行联系、确定。

（2）定光、定时。短视频脚本中的场景时间如果没有特别标明是夜晚的拍摄场景，那么一般都是在白天光线较好的时段进行拍摄，而拍摄光线最适合的时段一般为 9:00~11:30 与 14:00~17:00。

（3）定形式。有时，由于短视频脚本的特殊要求，拍摄的形式会比较特殊，如运动拍摄等。在拍摄前需要明确是固定拍摄还是运动拍摄，是否需要多位演员一同进行拍摄等。如果需要拍摄对话，还需要对现场收音进行专门的准备，如带上收音话筒之类的设备等。

在三步准备工作进行的同时，创作团队还需要注意以下事项。

（1）尽量不要选择背景太杂乱的场景进行拍摄。

（2）切忌选择人流量大的拍摄场景。如果需要疏散人群，要提前进行沟通。

（3）拍摄前，要多方位测试，调整好角度与光线后再开拍。

（4）如果创作团队全体都是新人，在拍摄时毫无头绪，不妨先看看同行的作品，给自己一些灵感，模仿借鉴一下拍摄角度等。

（5）拍摄背景与演员服装的颜色要区分开来，否则演员在拍摄时，容易“融入”背景。

（6）在拍摄过程中，摄影师需要不断提醒模特调整姿势与表情等。

（7）在拍摄过程中，摄影师需要灵活运用竖屏拍摄技巧。

（8）拍摄时尽量保持手部不抖动，以保证视频的清晰度，必要时可采用云台或三脚架辅助拍摄。

（9）切忌在视频中开启美颜滤镜，否则成片会很模糊。

6.2.2 拍摄所需的软硬件

除了场景、时间、形式等方面的准备外，还有特别重要的一项准备工作是拍摄软硬件的准备，如图 6-4 所示。

软件

- 抖音
- 剪映
- Adobe Premiere Pro

硬件

- 拍摄器
- 稳定器
- 话筒
- 补光灯
- 反光板

▲ 图6-4 软硬件准备

1. 拍摄器

拍摄器是短视频拍摄过程中最重要的设备，短视频能从脚本转化为实景视频全靠它。有条件的拍摄团队可以用单反相机、摄像机等来进行拍摄，新人团队则可以用智能手机练手。

2. 稳定器

稳定器，顾名思义，就是用来稳定拍摄设备的辅助器具，常见的稳定器有三脚架与云台，它们都具备轻便、易操作、易携带的优势。三脚架适用于固定拍摄的短视频场景，而云台一般指手持云台，它可以固定手机或相机，保持拍摄的稳定性。常见的三脚架与手持云台如图 6-5 所示。

▲ 图6-5 三脚架与手持云台

更加专业且条件成熟的拍摄团队甚至会用到摇臂或滑轨来稳定拍摄器，但这些器材的价格十分昂贵。初入行的团队如果条件有限，只能尽量保持手部的稳定，在需要进行运动拍摄和其他特殊拍摄时，借助自行车等道具，也可以达到好的拍摄效果。

3. 话筒

话筒是决定声音质量的专业工具。利用话筒进行声音录制的短视频，音质往往是比较理想的。专业的拍摄团队会使用大型的收音话筒，而短视频拍摄团队则可以使用无线话筒。这类话筒往往具有较强的适配性，可以固定在任何理想的位置。

图 6-6 所示为两种不同类型的无线话筒，它们体积小、携带方便，可以很轻易地藏进衣服里，也可以直接别在衣领上，满足不同类型的短视频的拍摄需求。

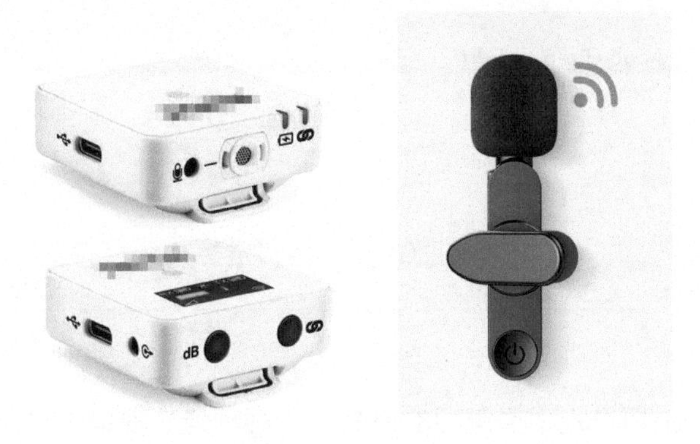

▲ 图6-6　无线话筒

4. 补光灯

补光灯是在自然光线不足的情况下，为拍摄主体打光、充当光源的设备。拍摄团队一般把补光灯固定在拍摄设备上方，这样一来，在移动拍摄设备时，光源的方向与强度也不会产生变化。补光灯有许多不同的种类，目前在短视频领域运用较多的是环形补光灯，如图 6-7 所示。

环形补光灯突破了传统补光灯光源的局限性，塑造出环状的光源，可以将出镜演员拍摄得清晰又自然，还能在人眼中形成“眼神光”，让演员显得更加有神。此外，环形补光灯还能调节亮度与色温，以适应不同条件的自然光线，打造更理想的拍摄环境。

5. 反光板

反光板的主要作用是反射光线，从而为演员们增加欠光部位的曝光量，避免画面出现光亮分布不均的状况。常见的反光板如图 6-8 所示。

▲ 图6-7　环形补光灯

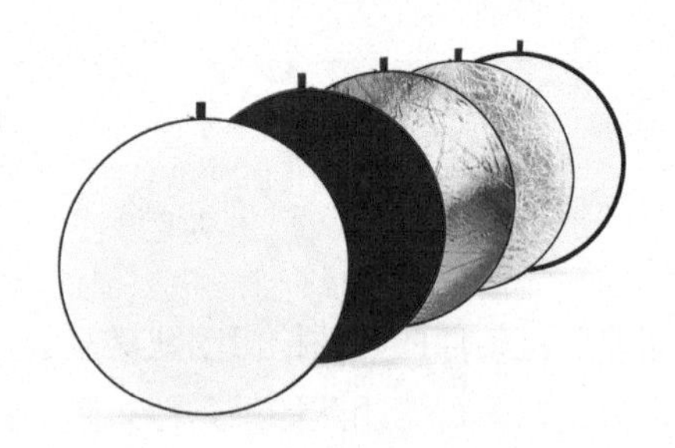

▲ 图6-8　反光板

反光板的颜色有许多种，可适应不同光线条件。其中，比较特殊的两种是黑色反光板与柔光布。黑色反光板也称“减光布”，大多放置在演员的顶部，用于减少顶光，作用等同于遮光板；而柔光布则适用于太阳或灯光直射的情况，用来柔和光线，保证画面和谐。

6. 软件

PC 端的后期制作软件有许多，其中 Adobe Premiere Pro 是非常有代表性的一款。Adobe Premiere Pro 简称 Premiere，它由 Adobe 公司开发并推出，可以对视频、声音等进行编辑。

Premiere 具有画面质量好、兼容性较强的优点，可以与 Adobe 公司推出的其他软件相互协作。目前这款软件广泛应用于广告制作和电视节目制作中，也可以满足视频剪辑人员创造高质量作品的需求。

而在手机端，界面简洁、易操作的视频后期处理 App 也是数不胜数，常用的手机视频后期处理 App 除了抖音本身，还包括剪映、美拍、快剪辑、快影等，它们都具备对视频进行分段剪辑、自动翻译字幕、添加配乐等基本的剪辑功能，同时也具有各自的特色。本书将在后文中讲解 Premiere、抖音与剪映的使用方法与技巧。

6.2.3 后期制作流程

在完成短视频的拍摄后，就需要剪辑人员对短视频进行后期制作了。后期制作的工作是有先后顺序的，如图 6-9 所示。

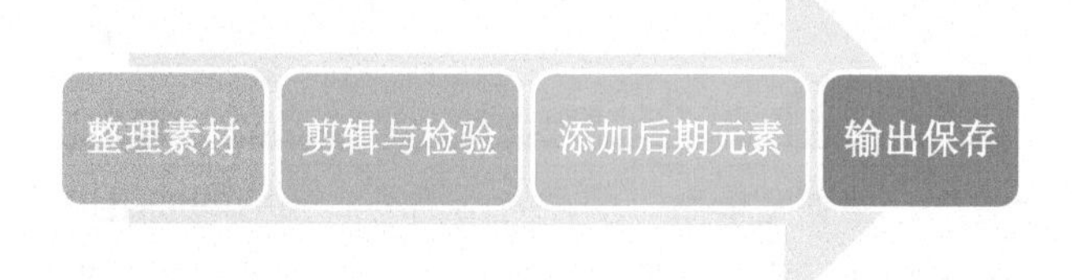

▲ 图6-9 后期制作的4个步骤

1. 整理素材

素材是指拍摄完成后的原始视频资料，剪辑人员在整理素材的过程中，需要完成以下 3 项工作。

- 熟悉素材。浏览所有素材，对摄影师拍了什么做到了然于胸，并在浏览过程中剔除无效素材。
- 整理思路。将筛选后的素材与脚本相结合，请导演配合，一同整理出清晰的剪辑思路。
- 镜头分类。将素材进行分类，将不同场景的系列镜头分类整理到不同文件夹中，并进行命名，或是重命名所有可用的剪辑素材，按照视频进展的时间对素材进行整理归纳。这一步主要是方便后续的剪辑和素材管理。

在大型的拍摄团队中，剪辑人员需要同时操作几个不同的视频项目，这时，如果素材非常混乱，则会影响工作效率或工作交接进度。因此，团队内的剪辑人员要学会科学、统一的素材整理方式。短视频素材整理的顺序及注意事项如表 6-1 所示。

表6-1 短视频素材整理的顺序及注意事项

步骤	步骤名称	具体工作	注意事项
第1步	素材备份	将素材从内存卡中导入计算机，对素材进行一次备份（小型项目备份一次即可）	工具：硬盘、移动硬盘或网盘。 注意：如果需要用到不同的素材类型，如照片或者音频等，就需要单独新建文件夹专门对这些素材进行备份整理
第2步	素材命名	分别为原始素材和备份素材命名	命名方式：原始素材文件夹的命名一般需要保留日期、地点或拍摄内容等关键要素，而备份素材文件夹的命名则需要和原始素材有明显的区分。 注意：如果是多机位拍摄，就需要通过字母或者其他符号来区分不同的拍摄器素材
第3步	建立备忘录	备份完成后，新建一个文本文档作为备忘录	备忘录内容：记录原始素材与备份素材各自的名称或命名方式的区别，以及不同机位的素材的具体名称

2. 剪辑与检验

素材整理完毕后，剪辑人员的技术工作——剪辑正式开始。剪辑分为粗剪与精剪。粗剪是指按照分类好的戏份场景进行初步的拼接剪辑。挑选合适的镜头，将每一场戏的分镜头流畅地剪辑出来，之后将每一场戏按照剧本的叙事方式进行拼接，这样基本就完成了短视频的结构性框架。

第 1 步，粗剪。粗剪的核心目的是构建出视频的框架，保证视频情节完整，便于下一步进行更加精准的细节处理。粗剪完毕后，剪辑人员需要对粗剪的成果进行检验，检验的主要方式就是将之前完成的视频仔细观看一遍，确保分镜头的顺序与剧本相符，所用的素材是素材库中的最优素材。

第 2 步，精剪。精剪相较粗剪而言更重要，因为每一帧剪辑成果都关乎视频画面的质量，影响着观众的观赏体验。

粗剪奠定故事基本结构，而精剪则对故事的节奏、氛围等方面进行精细调整，相当于给粗剪视频做减法和乘法——在不影响剧情的情况下，这一步修剪掉拖沓的段落，让视频镜头更加紧凑，以及通过二次剪辑，使视频的表达效果进一步升华。

第 3 步，最终检验。精剪完成后的二次检验工作，主要是查看短视频中是否有画面搭配不太合适的问题，是否有重复的片段，是否有空白镜头出现，以及视频是否出现丢帧的情况等。

3. 添加后期元素

在精剪完毕后，短视频的基本画面已经处理完毕。这时，剪辑人员开始进行后期元素的添加，包括配乐、音效、字幕、特效、调色等。

配乐与音效是决定短视频表达力强弱的重要部分，合适的配乐可以为短视频加分，奠定氛围基调，而音效则能帮助短视频在特殊情节处加强表现力，让其在听觉上显得更有层次。

字幕是用户在了解短视频信息时的第一选择，不论短视频是原声还是配音，剪辑人员都需要制作清晰、准确的字幕，确保用户的观感。字幕的最终呈现，一定要保证字体够大、够清楚，停留时间足够长，且字幕出现的位置尽量保持统一。

特效往往是短视频氛围的关键，一般而言，只要是带有特效的短视频，特效都是烘托氛围、调动用户情绪的引子。例如，在变装类视频中，播主在变装后的整体特效添加，能让变装效果显得更加惊艳。

在所有后期元素都添加完毕后，剪辑人员需要对画面与声音进行全面的最终检查。例如，查看视频中是否有画面搭配不合适的问题，检查字幕是否有错别字、字幕是否挡住了关键信息或演员的脸等。在声音方面，剪辑人员需要试听视频声音是否是正常大小。在有配音的视频中，剪辑人员需要特别留意配音能否与演员的口型对上等。

4. 输出保存

在完成所有剪辑加工工作后，剪辑人员需要按照发布平台的要求导出视频文件，保证格式、画面比例、分辨率与平台适配。同时，短视频成品最好在两个不同的磁盘中进行备份，或是上传到云盘保存，以防意外丢失。最后，剪辑人员还需要将成品交给导演或运营领导进行最后的检查。

6.3 高手私房菜

1. 巧妙建立素材箱，让你的Premiere素材一目了然

当剪辑人员在剪辑一段需要添加配乐、音效、图片等多种元素的视频素材时，Premiere中的项目面板就得同时导入多个视频素材、音频素材及图片素材。这时，项目面板会显得十分凌乱，容易产生素材选择错误的问题，影响工作效率。为了解决这一问题，剪辑人员可以在项目面板中建立素材箱，以便对各类素材进行有效的管理。

建立素材箱的操作步骤如下。

步骤1 新建素材箱。在项目面板空白处❶单击鼠标右键，❷选择快捷菜单中的“新建素材箱”选项，如图6-10所示。

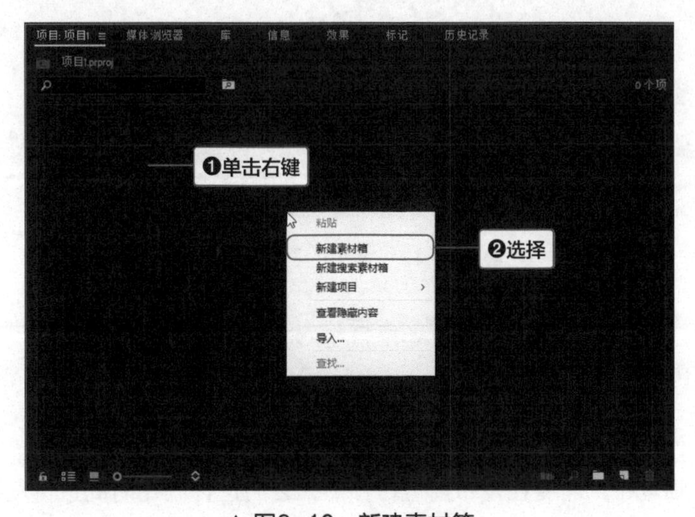

▲ 图6-10 新建素材箱

步骤2 为素材箱命名。新的素材箱已经存在，剪辑人员为素材箱命名，如图 6-11 所示。

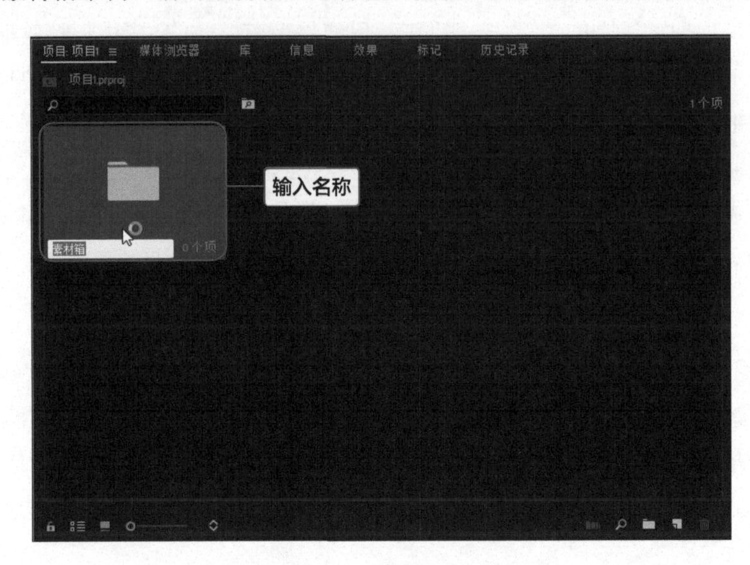

▲ 图6-11 为素材箱命名

一般情况下，可以新建 3~4 个素材箱，分别存放视频素材、音频素材、图片素材，以及可以用在视频中的电影片段等，如图 6-12 所示。

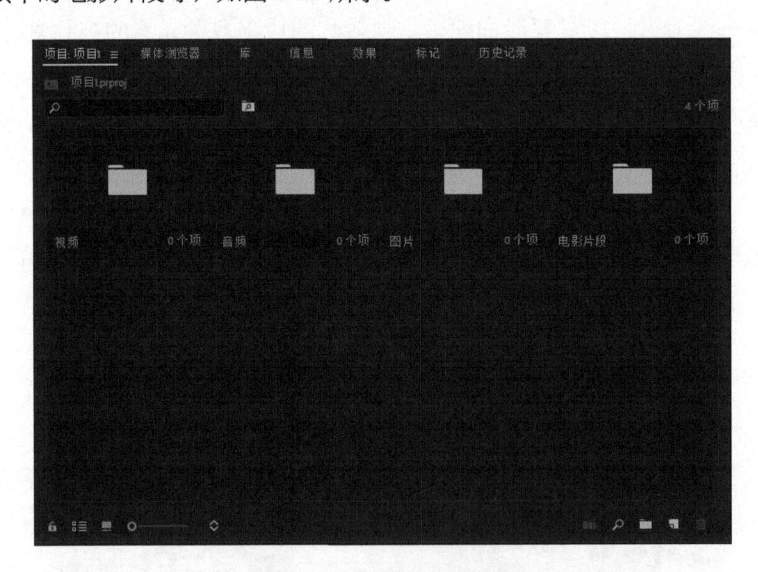

▲ 图6-12 常见的素材箱分类

素材箱建立完毕后，剪辑人员可以在素材箱内对多段同类型素材再次进行分类与命名，确保素材之间不出现混淆、误用的情况。

2. 初级账号避开白热化竞争的视频发布方法

科学的短视频发布，需要在发布前进行预热，之后选择固定时间进行发布，吸引特定时间段的用户。此外，追逐热点进行发布可以获得最大程度的流量红利。

但是对于对自身作品并不那么有信心的新手创作者，可能并不具备在热门时段发布短视频的能力，容易在“大V”视频的白热化竞争中沦为“炮灰”。在这种情况下，新手创作者可以选择错峰发布。

每日16:00至次日凌晨是短视频平台用户活跃度最高、娱乐需求最集中的时间区间。而在此区间发布的优质视频内容，能够及时得到精准标签用户的反馈，获得更多上热门的机会，但这也造成了大量新内容扎堆发布的现象。因此，建议优质的视频作品、初级账号的短视频作品避开这个高峰时段发布。

另外，作品发布后，运营人员要时刻关注作品的点赞、评论、转发、完播数据，同时与粉丝进行互动，查看粉丝私信并回复部分私信，继续为作品引流。

3. 提升账号“网感”，迅速融入平台生态环境

什么是“网感”？简单来说，它就是网络社交习惯建立起来的思考方式及表达方式。互联网社交与日常交流区别非常大。在互联网出现之前，人们用文字交流时表达的一般是“深思熟虑后的信息”，而随着通信软件和社交网络的发展，用文字传达信息这件事变得越来越高频。渐渐地，网络上出现了一些可以使文字信息变得更为立体的工具，例如颜文字、表情包等，它们可以将信息表达、塑造得更加立体，更有感染力，这就是一种“网感”。

而在短视频平台，“网感”可以看作对事物真实自然的表达，对用户心理的洞察，以及对镜头的敏感把控。具备“网感”的短视频账号，能比其他账号更贴近用户的生活，拉近与用户的距离，获得更多用户的青睐。

那么，创作者应如何提升“网感”呢？主要方式为对标模仿和刻意练习。找到一个和自己同类目的优质对象，观察、总结该对象的语言表达方式和演绎方式，并模仿其作品的内容呈现方式和互动模式。

此外，播主需要有意识地培养自己的镜头感与演绎方式，增加与用户沟通、互动的频率。如果在镜头面前放不开，就要打破内心的束缚，勇敢地和用户沟通。同时换位思考，洞察用户群体的心理，摸索出既不失“网感”，又能吸引用户的内容。

第7章 短视频拍摄实操技能

本章导读

拍摄，在智能手机普及的时代已经成了轻易就能做到的事，但能拍摄就等于会拍摄了吗？当然不是。不同的人拍一处完全相同的景色可能会呈现出截然不同的效果，可见拍摄是技巧与审美的结合体。

如果短视频拍摄团队对拍摄一窍不通怎么办呢？别担心，拍摄技巧是可以在学习与练习中不断提升的。本章将从镜头角度、景别类型、运镜技巧、光源及构图5个方面对拍摄技巧进行讲解，帮助读者快速入门，少走弯路。

本章学习要点

- 常用的拍摄技术
- 常见的景别类型
- 镜头运动拍摄技巧
- 转场效果的添加方法
- 光源的使用方法
- 常见的构图手法

7.1 不可不知的短视频拍摄技术

镜头角度、景别、运镜都是摄像中的基础知识，不管是专业摄影师还是业余爱好者，都可以从基础拍摄知识入手，进行查漏补缺或入门学习。尤其是刚入门的摄影师，需要将理论与实践相结合，才能在实际拍摄中产出高质量的短视频作品。

7.1.1 3种常用的拍摄镜头角度

在拍摄时，不同的镜头角度会产生不一样的画面表现，而且对拍摄主题的表达有着不同的作用。常用的短视频拍摄镜头角度有平视、仰视、俯视 3 种。

1. 平视

平视是应用最多的视觉角度。平视拍摄是指将摄像机与拍摄主体保持在同一水平高度进行拍摄。这种拍摄手法是最符合人的视觉习惯的，而且画面内的主体不易变形，同时使画面产生平和、稳定、均衡的视觉效果。

平视拍摄时，摄影师需要留意画面主体位置的掌控情况。例如，由于该角度拍摄的画面元素较多，容易造成主体不突出的问题，因此在平视拍摄时，摄影师应当有意识地将主体安排在画面中最引人注目的位置。平视拍摄的短视频画面如图 7-1 所示。

2. 仰视

仰视拍摄是指在拍摄时，摄像机的拍摄位置低于拍摄主体，形成从下往上的拍摄角度。仰视拍摄的视频，不仅可以突出拍摄主体，还能增强画面的空间立体感与视觉冲击力。同时，在画面背景杂乱时，仰视拍摄可以使画面更加简洁，拍摄主体更加突出。

仰视角度越大，拍摄主体的变形效果就越夸张，带来的视觉冲击力也就越强；仰视角度越小，拍摄主体的变形效果也就越微弱，带来的视觉冲击力也就越小。仰视拍摄的短视频画面如图 7-2 所示。

▲ 图7-1 平视拍摄的画面

▲ 图7-2 仰视拍摄的画面

3. 俯视

俯视拍摄是指在拍摄视频时，摄像机的拍摄位置高于拍摄主体，形成从上往下的拍摄角度。

这种拍摄方式可以将更多的元素纳入画面中，给观众一种纵观全局的视觉感受。

俯视拍摄时，摄像机离拍摄主体距离越远，拍摄的视野就越广，画面内的景物元素也就越丰富。俯视拍摄通常都是摄影师处于较高的位置向下拍摄，所以拍摄出的画面效果往往会给人带来较强的视觉冲击力。俯视拍摄的短视频画面如图 7-3 所示。

▲ 图7-3　俯视拍摄的画面

7.1.2　4种景别类型

景别，是指在焦距不变的基础上，由于摄像机与拍摄主体间的距离不同，造成的拍摄主体在画面中所呈现出的范围大小的区别。不同的景别可以引起观众不同的心理反应，表达不同的画面节奏。

由于早期的电影、电视等的表现主体大多是人，因此划分景别一般是以成年人的身体尺度为标准，根据画面表现出人体多大范围来划分景别。

1. 近景

近景是表现成年人胸部以上或物体局部的画面。它以拍摄主体的表情、质地为主要表现对象，常用来细致地表现人物的精神面貌或物体的主要特征，可以让观众产生与拍摄主体近距离交流的感觉。大部分电视节目中，主持人与观众进行情绪交流，用的就是近景。

2. 中景

中景是表现成年人膝盖以上部分或场景局部的画面。中景往往以情节为表达重点，它可以表现出人物之间的关系以及人物的心理活动，是电视画面中最常见的景别。在包含对话、动作和情绪交流的场景中，利用中景可以有效地兼顾人物之间以及人物与环境之间的关系。

3. 远景

远景一般用来表现远离摄像机的环境全貌，展示人物及其周围广阔的空间环境，包括自然景色与群众活动大场面的镜头画面。远景就好像人眼从较远的距离观看景物和人物，视野宽广，空间广阔，相应地人物就比较小，背景占画面中的主要地位，画面给人以整体感，细节却不甚清晰。

4. 特写

特写是指表现成年人肩部以上的头像，或某些被摄对象细部的画面。特写往往用于展现身体某一特殊部位，或是某一物体的特殊位置。

图 7-4 所示为包包拉链的工艺细节特写。观众可以通过这个画面看到拉链的各项细节，包括拉链的材质、形状、打磨细节，以及拉链末端的包边情况，等等。这一类型画面大多出现在测评视频、“种草”视频等中，通过对商品的各项细节进行展示，观众可以对商品有一个直观的了解。

▲ 图7-4 特写画面

除此之外，以人物、动物以及自然景观为主体的特写画面也十分常见，特写的拍摄方式能突出拍摄主体某一部分的细节，带给观众更大的视觉冲击力。

名师提点

除了以上讲述的4种常见的景别类型外，还有大远景、全景、大特写等。在策划人员撰写分镜脚本，以及摄影师进行拍摄时，可以在团队内灵活使用各种不同的景别，充分表达故事情节。

7.1.3 9种镜头运动方式

在拍摄短视频过程中，镜头的位置是灵活的、可以运动的。这种拍摄过程中的镜头运动被称为运镜。不同的运镜方式表达的效果也不相同，带来的视觉感观差异也非常大。

1. 推镜头

推镜头，顾名思义，是指拍摄主体位置固定，镜头由远及近向拍摄主体推进，逐渐缩小景别范围的运镜手法。推镜头在实际拍摄中主要用于表现细节、突出主体、制造悬念等。运用推镜头拍摄的画面如图 7-5 所示。

图 7-5 左图的画面容纳了红油火锅和 7 份卤味小菜，而在镜头推进到右图画面时，红油火锅占据了大部分的画面，观众的视觉重心也完全转移到了火锅上。这是典型的推镜头拍摄手法，旨在动态地向观众强调视频的重点在于火锅和火锅沸腾的细节，让观众仿佛感觉到火锅的热辣香气扑面而来。

▲ 图7-5　推镜头拍摄的画面

2. 拉镜头

与推镜头相反，拉镜头是指拍摄主体不动，镜头向后拉，画面构图由小景别向大景别过渡的拍摄手法。拉镜头在视觉上会容纳更多的信息，同时营造一种远离主体的效果，给观众场景更为宏大的感受。例如，某摄影师在拍摄重庆的李子坝轻轨站风光时，就运用了拉镜头的拍摄手法，其画面效果如图 7-6 所示。

▲ 图7-6　拉镜头拍摄的画面

图 7-6 所示的左图为初始画面，可以明显看到，道路仅仅占据右下角的一部分位置，空中轨道的桥柱也只有两根。但是随着镜头后拉，视频中呈现出了右图所示的画面，房屋亮起来了，空中轨道的桥柱出现了 4 根，而最下方的道路从右下角扩张到了画面的下三分之一处，画面中的元素越来越多，李子坝轻轨站的整体风貌像是拆礼盒一样，逐渐呈现在观众面前。

3. 移镜头

移镜头是指镜头沿水平方向进行移动拍摄，它能展现拍摄主体的各个角度，常被摄影师用来拍摄宏伟的建筑等。例如，图 7-7 所示的短视频画面就采用了移镜头的拍摄手法。

▲ 图7-7　移镜头拍摄的画面

图 7-7 所示的左图到右图的变换运用了移镜头的拍摄手法。左图作为视频的开场，可以看到近处的山遮住了雪山与湖泊的一部分，而随着镜头向右水平移动，像揭开画卷一样，湖泊与雪山的全貌慢慢展现出来，赋予短视频一种“犹抱琵琶半遮面”的意境。

4. 跟镜头

跟镜头多用于纪录片，是指镜头对拍摄主体进行跟踪拍摄，拍摄主体一般处于运动状态中，而镜头则跟随拍摄主体一起移动。在实际运用中，跟镜头能全方位地展现被拍摄主体的动作、表情及运动方向。

5. 摇镜头

摇镜头是指镜头跟着拍摄主体的移动进行拍摄。与跟镜头不同，如果将镜头比作人的头部，那么摇镜头就像是人在看风景，但头部位置保持不变。视频脚本中的“全景摇”就是指用摇镜头的手法拍摄全景。摇镜头常用于介绍剧情的背景或环境。

6. 升降镜头

升降镜头是指升镜头、降镜头两种不同的拍摄手法。升镜头是指镜头对准拍摄主体，并不断上升，甚至达到俯视拍摄的角度。升镜头的画面空间十分广阔，效果十分恢宏。降镜头则与升镜头相反，它是指镜头做下降运动并进行拍摄，多用于营造气势，拍摄宏大的场面，并过渡到某一处细节。影视剧中，在表现主角人物时，常在开头部分用到降镜头的拍摄手法。例如，某摄影师在拍摄重庆特色楼时，就运用了升镜头拍摄手法，其画面效果如图 7-8 所示。

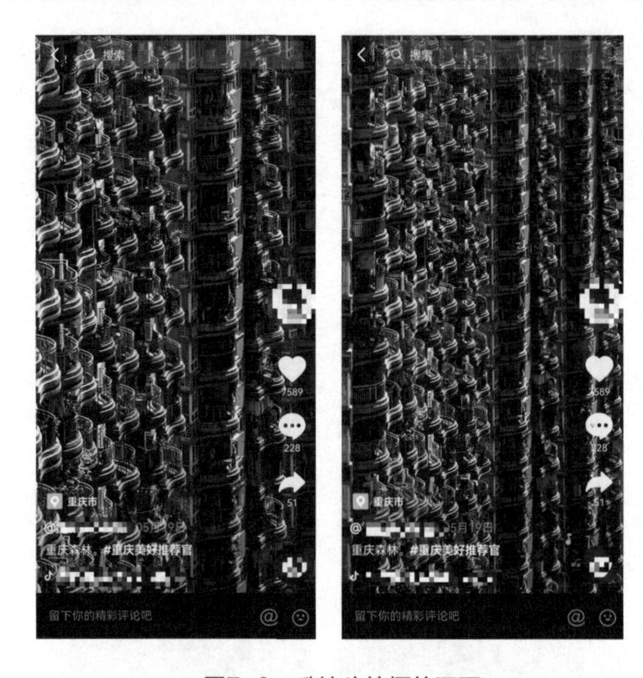

▲ 图7-8　升镜头拍摄的画面

在图 7-8 中，为了展示这栋特色楼更多的画面，摄影师的镜头慢慢向上升起，画面囊括进拍摄主体更多的部分，显得更加整齐、紧密，给人以震撼感。

7. 甩镜头

甩镜头是指前一个画面结束后不停机，镜头急速“摇转”向另一个方向，记录下一处画面的拍摄手法。显然，甩镜头是在模仿人眼的视觉习惯，即人在观察事物时，突然将头转向另一个事物。它可以强调空间的转换，以及同一时间内在不同场景中所发生的并列情景。在摇转过程中，镜头所拍摄下来的内容往往是模糊不清的。

某短视频讲述了女列车长在高铁上抓住盗窃者的事情。其中，一个镜头为盗窃者向镜头走来的画面，下一个镜头为男子实施盗窃的画面。从前一个镜头的最后直接“甩”到后一个镜头，这样的衔接方式与人眼观看事物的习惯相同，是典型的甩镜头拍摄手法。

除此之外，甩镜头的另一种拍摄方式是专门拍摄一段向所需方向甩出的流动影像镜头，再将其放到前后两个镜头之间。

名师提点

甩镜头的过渡节奏极快，因此在剪辑时，对于甩的方向、速度及整个过程的长度，剪辑人员应当注意与前后镜头的动作、方向、速度相适应。

8. 晃动镜头

晃动镜头来源于纪实摄影师与战地记者，又称手持摄影。在今天，纪录片与时事新闻的拍摄中，晃动镜头都是必要的，因为复杂的突发情况总会让摄影师来不及固定摄影机，只能进行手持拍摄。晃动镜头的 3 种适用场景如下。

- 追求现场的真实表达。在特定情境下，如拍摄“伪纪录片”，摄影师需要通过画面让观众产生身临其境的“运动感”“距离感”“呼吸感”，晃动镜头的真实感则十分契合这些要求。
- 制造紧张、恐怖的氛围，或表现追逐中的颠簸和紧急的情况。横向的空间分布让人感觉更容易控制，观众的情绪会比较平静；纵向的空间分布则更具动感，而当水平线倾斜时，会对观众产生强烈的刺激。晃动镜头中典型的不稳定画面能让观众产生强烈的不安，主动带入视频体现的情绪中。
- 表现人物的主观视角。晃动镜头可以十分有力地表现人物摔倒，乃至心灵受创后的画面与情绪。

镜头的运动需要被赋予动机，不论是在功能性上还是逻辑性上，镜头的运动应当有充分的、推动故事情节的理由。所有镜头的运用都应当遵循这一点。

9. 旋转镜头

旋转镜头是指镜头呈现旋转效果的运镜方式。如果拍摄主体为静态，则通过旋转更新画面中的元素，暗示主体的心理变化；如果镜头代表人物的主观视角，则表达人物处在旋转状态的视线，或眩晕的感受。

7.1.4 在场景之间添加转场效果

在视频中，镜头与镜头之间的衔接称为转场。许多视频在进行镜头转换时，能让观众明显看出前后镜头的过渡，这种转场称为技巧转场；没有这种明显过渡的，则称为无技巧转场。

1. 无技巧转场

无技巧转场强调视觉的连续性，它是用镜头自然过渡的方式来连接上下两段内容，转场时不会使用任何特效。因此，在拍摄时，摄影师需要为转场寻找合理的转换因素，根据转换因素的不同，无技巧转场可以分为 6 种类型。

（1）空镜头转场。

空镜头一般指没有演员出镜的镜头，可以作为一个单独的镜头进行剧情之间的衔接，或将视频中的前后内容进行分段。空镜头是十分经典的转场镜头。

（2）声音转场。

声音转场是利用背景音的内容，自然转换到下一画面。声音转场的背景音常为音乐、解说词、对白等，在向观众总结上段剧情的同时，也对下段剧情进行提示，十分自然。

（3）特写转场。

特写转场是短视频运用较多的转场方式之一。特写转场是指无论上一个镜头的结束是何种景别，下一个镜头都从特写开始，对拍摄主体的某部分细节进行突出强调。

在某条剧情类短视频中，前一个镜头的末尾是男女演员牵着手，字幕问"你有体验过'柴米油盐酱醋茶'吗？"；下一个镜头的开场则直接转换为水果特写，开始讲述"柴米油盐酱醋茶"的具体内容。这样的特写转场显得生动自然，引人入胜。

（4）主观镜头转场。

主观镜头转场是指依照人物的视觉方向进行镜头的转场，即上一个镜头拍摄主体在观看某物体的画面，下一个镜头直接转至主体观看的对象，表达人物的主观视角。主观镜头转场能使观众产生很强的代入感，让观众觉得自己仿佛就是视频中的主人公，正在观看他（她）所观看的对象。

例如，在一条剧情类短视频中，在前一个镜头观众可以看到女主角向镜头方向走过来，并向其后方张望，下一个镜头直接转接女主角的主观视角，即女主角看到的男主角与另一个女生站在一起的画面。配合前后镜头的字幕，观众能很轻易地理解这段剧情讲述的是女主角看到男主角与其他女生在一起时内心泛酸的情节。

（5）两极镜头转场。

两极镜头转场的特点在于利用前后镜头在景别、动静变化等方面造成巨大反差来完成转场。通常情况下，两极镜头转场中上个镜头的景别会与下个镜头的景别形成"两个极端"，如从特写转到全景或远景，或反过来。

例如，在某条关于个人成长的短视频中，上一个镜头的画面内容是对茶杯的特写，而下一个镜头马上切换到女主角手捧茶杯看天的全景画面，这是典型的两极镜头转场。另外，从特写切换到全景不仅画面变得更开阔，给予观众视觉上的新鲜感，结合字幕也暗示着女主角"想开了"的心理活动。

（6）遮挡镜头转场。

遮挡镜头转场是指在上一个镜头接近结束时，拍摄主体挪近以至遮挡摄像机的镜头，下一个画面主体又从摄像机镜头前走开，以实现场景的转换。这种方式在给观众带来视觉冲击的同时，也使画面变得更紧凑。

2. 技巧转场

技巧转场是指运用某些特效手法达到转场的目的，它常用于情节之间的转换，能给予观众明确的段落感。常见的技巧转场包括淡入淡出转场、叠化转场、划像转场。

（1）淡入淡出转场。

淡入淡出转场是指上个镜头画面渐渐暗淡，而下个镜头的画面则由暗转明的转场手法。

这种手法常见于电视节目或视频的开头与结尾，以及纪录片的分段中，是一种类似水墨画效果的转场方式。

（2）叠化转场。

淡入淡出转场的前后镜头是泾渭分明的，而叠化转场却并非如此。叠化转场的上个镜头的结束画面与下个镜头开始的画面会相互重叠，在转场过程中，画面会显出两个不同的轮廓，渐渐地，前一个镜头的画面将逐渐暗淡隐去，而后一个镜头的画面则慢慢显现并清晰。这样的转场方式暗含了慢镜头的意味，因此常常应用于传统的影视化处理中，以表现时间流逝的实体效果。

（3）划像转场。

划像转场是一种十分流畅，却也带有明显分界感的转场形式。它的切出镜头与切入镜头之间没有过多的视觉联系，所以往往用来突出时间、地点的转换。

划像转场分为划出与划入两种形式，划出指前一画面从某一方向退出荧屏，划入则指下一个画面从某一方向进入荧屏。

7.1.5 演员的走位路线设计

走位，简单来说就是指视频拍摄中演员的位置走动。好的导演会严格把控演员的走位，进行多方面的宏观把控与调度。虽然短视频拍摄不必做到像拍摄影视剧那样专业，但仍然应当遵循基本的走位原则。

1. 情节推动走位

（1）在视频拍摄中，演员不能为了走位而走位。导演需要根据脚本情节，与演员多次进行走位敲定与排练。

（2）演员的走位不能过分夸张，也不能太过死板，应尽量贴近生活。

2. 框定有效区域

灯光、摄像机的机位虽然会随着演员的移动进行相对运动，但依然只有一块不太大的地方属于“有效区域”。因此，演员需要在有效区域内进行走位，不能“出圈”。

基于走位的基本原则，也为了节约时间和成本，在开拍前，导演需要组织演员们进行多次彩排，找准机位，确保在实际拍摄中尽可能减少演员眼神对错位置，或是走出有效区域的情况发生。

7.2 常用的布光技巧

光线是短视频拍摄中至关重要的因素，光源、光位、光质乃至人为的布光技巧，都会对拍摄的最终画质造成影响。

7.2.1 初识光源

在进行短视频拍摄时，光源主要分为自然光与人造光两种类型。

1. 自然光

自然光不仅仅指日光，还包括月光、星光。其中，日光包括晴朗天气太阳的直射光与天空光，以及阴天、下雨天、下雪天的天空漫射光。而太阳光的直射角度在落日前会随着时间的推移而不断产生变化，因此，太阳光可以按照时间划分为不同的照明阶段，在不同的阶段进行拍摄，最终的拍摄效果会有所不同，摄影师可以根据想要表达的情境自由选择拍摄时段。

2. 人造光

人造光是指人工制造的发光体，常见的人造光包括聚光灯、漫散射灯、强光灯、溢光灯、石英碘钨灯等。另外，家中的白炽灯等也属于人造光。

人造光是室内拍摄常用的光源。摄影师可以按照自己的构想，布置出理想的光照环境。短视频团队拍摄的首选条件是晴朗天气，太阳光恰到好处的时间段，但自然光具有不可控性，摄影师需要灵活运用人造光源，至少达到拍摄时演员面部清晰的基本要求。

7.2.2 7种光位的应用方法

同一拍摄主体，在相同亮度但不同位置的光源下，能产生完全不同的拍摄效果，表达的情绪与人物性格也完全不同。在拍摄过程中，光源相对于拍摄主体的位置，即光的方向与角度，称为光位。常见的光位包括顺光、前侧光、正侧光、后侧光、逆光、顶光及脚光。光位在垂直方向上的示意图如图 7-9 所示。

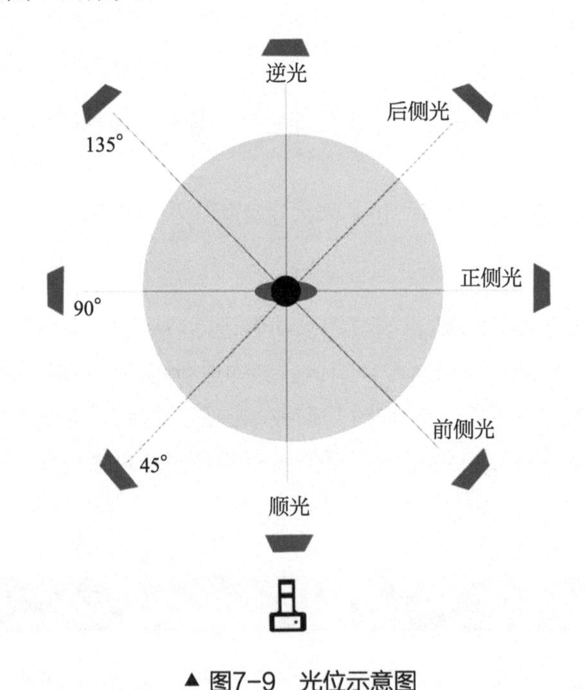

▲ 图7-9 光位示意图

7 种光位的定义、特点及应用场景如表 7-1 所示。

表7-1 7种光位的定义、特点及应用场景

序号	光位	定义	特点	应用场景
1	顺光，又称正面光	光线来自拍摄主体正面的光位	受光均匀，曝光容易控制，色彩饱和度高，色彩鲜艳	在人像拍摄中常用作辅助光；适用于风光摄影及追求详细记录的侦查取证
2	前侧光	45°方位的正面侧光	能让拍摄主体富有生气和立体感	最常用的光位。在人像拍摄中用作主光，通常位于人物脸部朝向的另一侧
3	正侧光，又称90°侧光	位于拍摄主体左侧或右侧垂直角度的光位	能突出明暗的强烈对比，使拍摄主体呈“阴阳效果”	人像摄影中具有戏剧性效果的主光位置
4	后侧光，又称侧逆光	光线来自拍摄主体的侧后方的光位	能使拍摄主体的一侧产生轮廓线条，使主体与背景分离，从而加强画面的立体感和空间感	应用较少，一般用作辅助光
5	逆光，又称背光	拍摄时光线来自拍摄主体的正后方的光位	能使拍摄主体产生生动的轮廓线条	强调拍摄主体轮廓的场景
6	顶光	光线来自拍摄主体的正上方，如正午的阳光	会在人物的眼睛、鼻子及下颌形成浓重的阴影	一般忌拍人像
7	脚光，又称底光	光线来自拍摄主体正下方的光位	在自然光中，没有脚光的光位，原因在于脚光很难营造出美感	常用于丑化人物及恐怖片的拍摄

7.2.3 4种光质的运用技巧

光质是指光线的聚、散、硬、软的性质。不同的光质会在画面中形成不同的影调。

- 聚，指聚光。聚光表明光来自一个明显、具体的方向，在聚光条件下，拍摄主体会产生明确而浓重的阴影。
- 散，指散光。与聚光相对，散光是指光线来自若干不同的方向，在拍摄主体上产生的阴影往往柔和而不明晰。
- 硬，指硬光。硬光通常是直射光，在实际拍摄中，闪光灯与晴朗天气下的阳光直射等都属于硬光。
- 软，指软光，也叫散射光或柔光。软光相对柔和，明暗层次过渡不明显，反差较小。生活中多云天气的光线、加上柔光罩的闪光灯、加上柔光箱的补光灯等，都是软光。

短视频拍摄者需要了解：硬光的质感较强，能使拍摄主体产生强烈的明暗对比，立体感强，适合表现黑白光影效果等；而软光可以全方面地表现拍摄主体的外形、色彩等，但不善于表现质感和细节，适合拍摄人像。为了更好地表达短视频所需的环境与氛围，拍摄者要

学会准确应用光质。

7.2.4 室内外拍摄的布光技巧

如果拍摄环境中具有良好的光线，那么可以说拍摄在开始前就成功了一半。但恰到好处的光线可遇不可求，想要有理想的光线环境，大多时候只能靠自己手动布置，这种行为称为布光。

1. 室内短视频拍摄布光技巧

在室内进行短视频拍摄，因为缺少了合适的自然光，所以布光就显得非常重要了。室内布光的基本要求：光线强度适中，能看清楚演员的脸与动作，并且尽量让演员显得养眼、美丽。

室内布光的具体方法：在镜头后方布置补光灯或柔光灯作为主光，照亮画面中的所有演员，如果单一主光无法满足照亮所有演员的要求，或是产生了较重的阴影，就需要另一盏灯或反光板充当辅助光，照亮剩余部分或是阴影部分。如此一来，在主光与辅助光的配合下，最基础的室内布光就基本完成了。

名师提点

如果在上述布置后，摄影师仍然觉得画面光线不够丰富，或是缺少明亮环境的衬托，可再追加一盏灯作为背景光，照亮室内背景，让画面更具有层次感。

2. 室外短视频拍摄布光技巧

与室内环境相比，室外环境复杂了许多，但其布光的基本原理是相同的。在室外环境下，天气晴朗时，太阳成了一个不可忽视的光源，同时，由于漫反射，画面的整体亮度与清晰度都会高于室内。

在室外进行短视频拍摄时，摄影师可以直接将太阳看作拍摄的主光。在主光确定的情况下，另外追加一盏灯或反光板作为辅助光，对阳光进行补充，照亮演员身上的阴影。这样布光后，室外演员在画面中的形象会更加清晰、明亮。

另外，在阳光较强的情况下，就不需要辅助光了。这时，为了突出画面中的演员，摄影师可通过调整焦距，将室外杂乱的背景进行模糊处理，让观众的注意力集中在演员身上。

7.3 5种常用的构图方法

构图，是将图片元素安排、组合的一种经验手法。优秀的摄影师能熟练地将原本杂乱的拍摄元素划分出主次，并对其进行有机的排列，将光与影结合成有情感的组合，这就是构图的妙处。

拍摄主体的魅力值与拍摄者的构图水准呈正相关，构图水准越高，拍摄主体越有魅力，画面越显得意味无穷。视频作为图片的集合体，更离不开精美的画面内容，而设计合理的画面构图能直观展现短视频的制作水准。好的构图方式，能够将拍摄主体按照审美规律布局在画面中，从而使作品更具感染力。

7.3.1 对角线构图法

由于图片与视频的画面展示轮廓往往是矩形，因此，具有生命力的对角线构图诞生了。对角线构图指拍摄主体沿着画面的对角线方向排列。与常规的横平竖直构图相比，对角线构图使画面显得十分舒展与饱满，极能体现画面的动感、不稳定性或是生命力。

图 7-10 是运用对角线构图法拍摄的画面。图中小船从画面左下至右上方向依次排列，构图和谐，给人以对角线形的视觉延伸感，视线十分流畅，让画面看起来富有层次。

▲ 图7-10 对角线构图的画面

7.3.2 对称构图法

对称构图法指画面中的物体按照一定的对称轴或对称中心，形成轴对称或是中心对称的构图手法。这种构图手法常用于拍摄建筑、公路、隧道等人工建筑，画面效果十分出彩。轴对称构图的画面如图 7-11 所示。

▲ 图7-11 轴对称构图的画面

画面中，高楼大厦在湖面映出自己的影子，湖中清晰可见的倒影与实际景物形成了水平方向的轴对称构图，画面简洁，一目了然，且富有趣味性。另外，如果拍摄者在拍摄时没能做到完全对称，也可以通过后期校正或剪裁达到对称构图的效果。

7.3.3 放射/汇聚构图法

放射 / 汇聚构图法是指以拍摄主体为核心，其他景物呈向四周放射状的构图方法。这种构图方法的优点是能引导观众的注意力，同时又使画面具有开阔、舒展的效果。放射 / 汇聚构图的画面效果如图 7-12 所示。

▲ 图7-12 放射/汇聚构图的画面

画面中，光线透过树叶的缝隙，从画面中心向四周扩散，形成由强至弱的光线效果，画面中心突出，前后景层次分明，视觉效果极佳。

7.3.4 九宫格构图法

九宫格构图是拍摄中最常见，也最基本的构图方法。不仅是短视频拍摄者，用智能手机拍摄日常照片的用户，也能快速上手这个构图法，拍摄出有艺术感的画面。

九宫格构图法，就是把一张图片的上、下、左、右 4 条边都分成三等份，然后用水平或垂直的直线将对应的点连起来，画面中就会形成一个“井”字，将整个画面分成面积相等的 9 个方格。九宫格的 4 个交叉点就是九宫格构图法的核心所在。拍摄者在构图时，可以将拍摄主体放在这 4 个点附近，这样就能简单快捷地拍出主题鲜明、具有层次感的画面。

图 7-13 所示为运用了九宫格构图法的人像拍摄。图中，人像被放置在了九宫格右上方的交叉点上，人物小，留白大，主次分明。人物在背景环境中毫不突兀，观赏者的视线从近处的沙漠延伸到人，再到远方的山脉与日光，画面张力极强。

光圈F2.8
感光度125
焦距70mm
快门速度1/1600s

▲ 图7-13　九宫格构图法的原理图及成片效果

7.3.5　黄金分割构图法

黄金分割构图法源自关于黄金比例——1∶1.618 的理论，这个理论在各个领域得到了广泛应用，建筑、绘画、投资、服装设计等领域中都有它的影子。黄金分割构图法使画面更自然、舒适，如图 7-14 所示。

▲ 图7-14　用黄金分割构图法拍摄的画面

7.4　高手私房菜

1．3种创意布光，助你拍出高水准的短视频

要拍出别具一格的短视频，布光至关重要。普通的布光技巧虽然也能使拍摄主体更为清晰，却很难实现拍摄者想要的效果。下面介绍 3 种常用的创意布光方式，短视频团队可以根据自身需求选用，以使拍摄出来的短视频格调鲜明。

（1）文艺型布光。

很多拍摄者在拍摄商品或人物时，习惯用绿植或干花等作为前景或构图元素，制造短视频清新的氛围，突出拍摄风格。但跳出固有思维来看，拍摄者其实不仅可以利用绿植或干花等的本体，还可以尝试用它们的光影来进行创意布光，具体做法如下。

- 用干花、干树枝等来制造花影、树影等，叶子枯黄也没关系，正好可以达到斑驳的效果。
- 用单一光源来布光。选取的光源只要能使枝叶的影子轮廓清晰即可。

（2）晶莹剔透型布光。

由于逆光布光比较容易造成偏色和材质的误判，因此相比其他短视频布光方法，逆光布光较少被使用。但并非所有拍摄都不适合用逆光，如果拍摄主体是透明的，为了表现出晶莹剔透的美感，就可以让光从拍摄主体的背后打过来，具体做法如下。

- 制造主光和反光。主光可以用较强的光源，放在所拍摄主体的正后方；反光则可以使用较弱的光源，放在拍摄主体侧面，形成反光的效果。
- 在主光光源和拍摄主体间放置半透明的瓦楞纸或透光的薄纸巾使光线更为柔和，选用倒影板放置在拍摄主体下方以拍摄倒影。如果主光光源是LED灯，也可不用瓦楞纸。然后根据光源所制造出的拍摄效果随机而定。

通过这样的拍摄方法，物体往往显得更有质感，晶莹剔透，因此，许多拍摄者在拍摄产品时都会运用这一方法。

（3）冷暖对比型布光。

日常的短视频对光源色调往往没有过多的要求，但情境创意摄像就不一样了。运用冷暖对比型布光技巧，可以更加突出拍摄主体。那么什么是冷暖对比型布光呢？它是指在为某一拍摄主体打光时，运用一冷一暖两种不同色调的光形成强烈的对比与视觉冲击。平时在酒吧或在创意展厅，我们也可以经常看到这种布光技巧的运用，具体做法如下。

- 将两个光源包上不同颜色的透明纸，放置在拍摄主体的左右两侧。
- 将黑色背景布或黑纸板放在墙面和灯光之间，保证只有拍摄主体被光照射，背景不会“吃光”。

如果是拍摄产品，运用这种布光技巧会使产品更加立体；如果是拍摄人物，这样拍出来的人物会给观众一种神秘莫测的感觉。

布光是门大学问，拍摄者可以多尝试不同的布光方式，逐步提升自己的审美水平，而不仅仅是使用几个简单的技巧。巧妙运用布光方式，可以使短视频呈现出不一样的表达效果，大幅提升短视频的质量。

2. “高级感”短视频的四大拍摄技巧

普通人与专业拍摄人员拍摄出的画面区别很大，甚至毫无摄影摄像基础的人也能一眼分辨出二者作品的不同。事实上，普通人的作品确实缺乏专业摄影摄像作品所拥有的“高级感”，想要使拍摄出来的作品摆脱平庸，向“高级感”靠拢，需要熟练掌握以下四大拍摄技巧。

（1）巧用构图。

不管是在电影还是短视频中，好的构图都是必不可少的。具有“高级感”的构图能提高视频的表现力，在短时间内迅速捕获观众的眼球。笔者总结了短视频拍摄中几种常用、好用的构图技巧，供读者借鉴。

- 在带有墙角的背景前进行拍摄时，可以利用房间的对角线，有效增加空间纵深感，使所需要拍摄的物体具有“高级感”。
- 将室外的风景带进画面。有些外景虽然看起来平平无奇，一旦融入视频，却可以增加画面深度，起到强烈的环境暗示作用。因此，如果拍摄的场景可以看到室外，应尽可能把室外风景融入视频；如果看不到，也可以通过绿屏拍摄来制造虚拟的室外场景。
- 不建议在全然空旷的室外拍摄。可以让背景画面多一些元素，如小房子、风车等，增加画面的层次感。拍摄时，如果担心这些元素会模糊主要拍摄对象，可以将其虚化处理。

（2）创造景深。

景深常常被称为镜头质感的钥匙，那么什么是景深呢？当镜头对准拍摄主体调节焦距时，在主体的前方或者后方还有一段清晰的范围，这段范围就称为景深。光圈、镜头及焦平面到拍摄主体的距离，都可以影响景深。关于如何营造景深，笔者有以下几个建议。

- 给相机配备一个大的传感器。
- 使用快镜头大光圈。光圈越大，景深就越浅。
- 调出长焦距。镜头焦距越长，景深越浅。

（3）亮点配音。

声音的处理也是提升短视频“高级感”的重要方法。在电影中，有时会出现香烟燃烧的声音、雨水滴进水洼的声音等，这些声音虽然在日常生活中无处不在，却很难被我们注意到。剪辑人员可以利用高性能的录音设备放大或突出这样的声音，在真实的基础上将一切混音戏剧化，尽管可能只有一秒不到的时间，却能点亮整个视频。

（4）色彩对比。

色彩作为一种视觉语言，具有强烈的视觉冲击力，可以充分表现出人类的情感和意识，影响观众的情绪。色彩中的冷和暖、明和暗、强和弱，既是色彩的性质，也是人们心理和视觉情绪上的反映，是一种感觉对比。而这种色彩的对比有强烈的视觉效果，极富冲击力。

3. 新手必看——平视拍摄时应注意的问题

平视拍摄出的短视频画面的透视关系、结构形式和人眼看到的大致相同，能给观众带来平等、真实、自然、亲切的感觉。新手采用平视拍摄的时候，需要注意以下几个问题。

（1）简化背景。

平视拍摄的缺点在于，容易使画面中的主体和背景景物重叠，对主体造成干扰。在拍摄之前，拍摄者要仔细观察背景环境，排除、避开一切干扰元素，以免影响拍摄效果。

（2）避免主次不分。

如果拍摄背景中的干扰元素无法完全避免，为了防止主次不分，就需要运用技巧突出主体。例如，可运用浅景深方法虚化背景来凸显主体，如图 7-15 所示。

▲ 图7−15 虚化背景

从图 7-15 所示的画面中可以看出，在进行背景虚化后，画面主体更加突出，背景中的物品也以环境的形式进入画面，令主次更加分明。

（3）避免水平线分割画面。

在拍摄时，要重点注意水平线的问题，尤其是拍摄环境人像时，不要让水平线出现在人的头部和身体关节处，以免造成割裂感、残破感。

第8章 用手机拍摄和编辑短视频

本章导读

在短视频创作者并不具备购买专业拍摄设备的条件时，智能手机越发强大的拍摄功能满足了创作者的大部分拍摄需求。智能手机不仅便于携带，充电方便，而且操作简单，非常适合没有摄影基础的创作者拍摄使用。

同时，智能手机中还能下载许多功能齐全的视频拍摄、编辑App，充分满足创作者从拍摄到剪辑的需求。本章将以抖音为范本，讲解使用智能手机拍摄和编辑短视频作品的方法。

本章学习要点

- 抖音的功能界面
- 抖音中的常用拍摄、编辑技巧
- 用抖音制作各类视频的方法

8.1 用抖音拍摄并编辑短视频

抖音是智能手机用户的新宠，无论什么年龄、什么职业，都可以通过抖音来消磨闲暇时间。但其实抖音并非只能浏览短视频，它拍摄、制作短视频的功能也十分强大。

8.1.1 初识抖音的功能界面

抖音的界面设计奉行“极简”原则，但各项功能都十分完善。创作者在利用抖音进行拍摄前，应当充分了解它的各个功能界面。需要指出的是，抖音的版本更新和迭代的速度非常快，每个新版本都会推出一些新的功能，因此不同版本之间的功能界面也会略有差异。然而，无论功能界面如何变化，拍摄和编辑短视频的基本方法是不变的。只要创作者掌握了基本的拍摄和编辑方法，并能够灵活运用，就能以不变应万变。

本书以抖音16.6.0版为例讲解用抖音拍摄并编辑短视频的方法。打开抖音，首先看见的便是抖音的“首页推荐”界面，如图8-1所示。

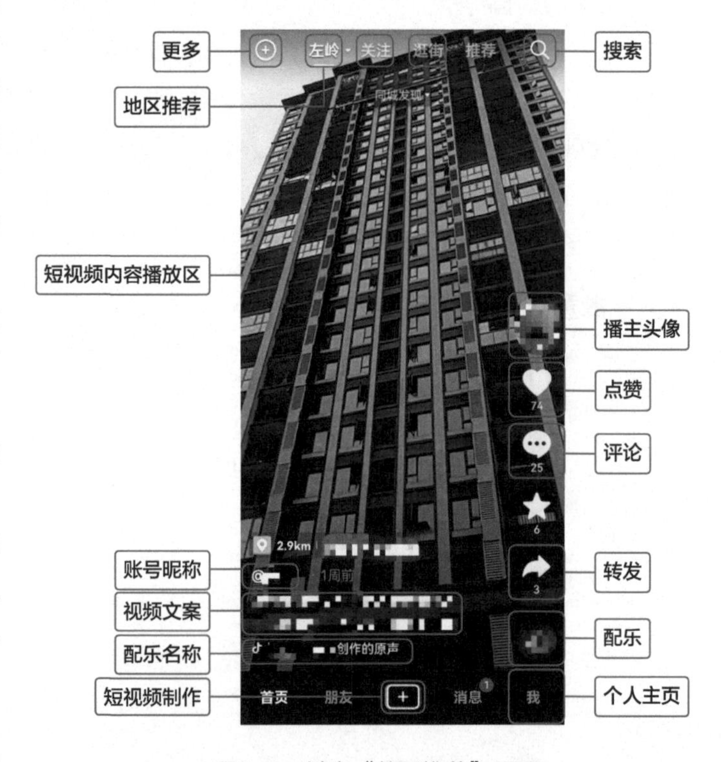

▲ 图8-1 抖音“首页推荐”界面

“首页推荐”界面上常用的功能按钮及区域介绍如下。

“更多”按钮：“拍日常”“发图文”“扫一扫”“我的二维码”的快捷入口。

“地区推荐”按钮：展示用户所在位置附近的短视频推荐。点击该按钮后，界面会以封面的形式展示用户附近的短视频。从该界面还可切换到其他地区，也可以查看“同城红人榜”。

“关注”按钮：展示用户关注的所有账号近期发布的短视频，以及这些账号中正在进行直播的直播间入口。

“逛街”按钮：抖音商城的快捷入口，点击该按钮后可直接进入抖音商场页面进行购物。

“搜索”按钮：通过输入关键词查找短视频，以及查看抖音的各项榜单。点击该按钮后，显示的界面中包含搜索框、历史搜索记录、“猜你想搜”和“抖音热榜”等内容。

短视频内容播放区：该区域为展示短视频内容的区域。用户可以通过单击该区域暂停或播放短视频。双击该区域，则自动为该视频点赞。长按该区域，界面中则弹出对话框，在该对话框内可以对视频进行收藏、点选“不感兴趣”、保存到本地等操作。用户还可以分享该视频给自己的好友。

“播主头像”按钮：显示播主头像。用户点击播主头像便可进入该播主的个人首页。另外，如果“推荐”界面展示的短视频来自用户未曾关注的账号，那么在界面中，账号头像下会显示一个红色的“+”图标，用户点击该“+”图标便可直接关注账号。

“点赞”按钮：点击该心形按钮可为视频点赞，该按钮下面显示的数字为该视频目前的获赞数。

“评论”按钮：点击该按钮可查看短视频的评论区，并可为短视频留下评论。该按钮下面显示的数字为该短视频目前所获的评论总数。

“转发”按钮：用户点击“转发”按钮，可以将该视频以私信形式转发给抖音内的好友。“转发”按钮的功能还包括一起看视频、举报、保存至相册、合拍、动态壁纸等。“转发”按钮下面显示的数字为该视频目前被转发的总次数。

“账号昵称”按钮：显示账号昵称。用户点击该按钮可进入该账号的个人首页。

“视频文案”按钮：显示该视频的文案。文案中可能涵盖插入的话题，话题以“#”为标志。同时，文案中还会显示账号播主 @ 的好友，即其他账号。若用户点击相应的话题会进入话题专属界面，该界面中将展示所有带有该话题的短视频；若用户点击其他账号的昵称，则会进入相应播主的个人首页。

“配乐名称”按钮：显示配乐名称与制作者。点击配乐名称会进入该配乐的专属界面，该界面中会展示所有使用该配乐的短视频。用户还可在该界面中点击“拍同款”按钮，进行视频制作。

“配乐”按钮：显示配乐的封面。点击“配乐”按钮进入该配乐的专属界面。

“朋友”按钮：显示用户的好友在近期拍摄的短视频，该界面的功能排版与首页推荐大致相同。

“短视频制作”按钮：短视频拍摄和制作的入口。点击该按钮，用户便可现场拍摄一段短视频并进行编辑，或是直接编辑本地素材。在拍摄及制作过程中，可利用抖音内提供的各种特效和贴纸。用户也可以通过该入口进行直播。

“消息”按钮：展示用户收到的各种消息，包括关注提醒、互动消息、服务订单、系统通知、抖音小助手的消息，以及用户与好友的私信等。用户还可以在消息功能中选择好友创建群聊。

“我”按钮：用户的个人主页。个人主页展示用户自身资料信息与获赞、关注、粉丝数量，包括用户发布的所有作品、喜欢的作品等。

除了首页推荐外，短视频制作人员需要重点关注的，就是抖音内的短视频制作界面了，该界面的各部分功能介绍如图 8-2 所示。

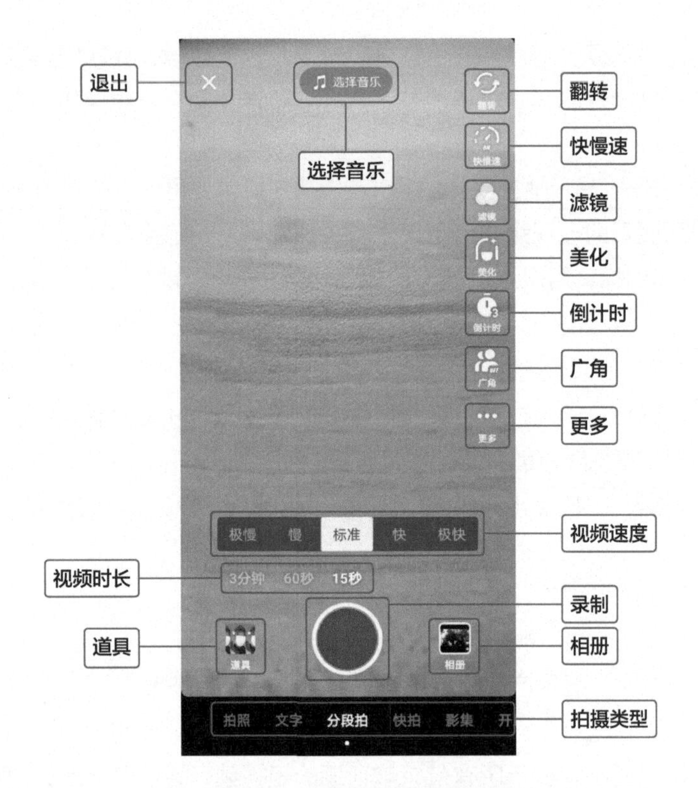

▲ 图8-2 抖音短视频制作界面

"退出"按钮：点击该按钮即可退出短视频制作界面。

"选择音乐"按钮：点击该按钮，跳转至短视频配乐专属界面，用户可在该界面中搜索配乐或试听推荐配乐，抑或在歌单分类中寻找合适的配乐。还可以直接进入"我的收藏"查看过去收藏的配乐。

"翻转"按钮：点击"翻转"按钮，即可切换后置 / 前置摄像头。

"快慢速"按钮："视频速度"功能的开关键。一般情况下，该按钮的状态为"ON"，即"视频速度"功能出现在界面中，此时点击该按钮，则关闭"视频速度"功能，按钮状态切换为"OFF"，"视频速度"功能消失。

"滤镜"按钮：添加滤镜。点击该按钮，可为即将拍摄的短视频选择合适的滤镜风格。

"美化"按钮：对视频进行美化处理。点击该按钮，用户可为即将拍摄的人物调整美颜程度，包括腮红、立体、白牙、黑眼圈等方面。

"倒计时"按钮：延时拍摄功能。点击该按钮后，用户可设置在 3 秒或 10 秒倒计时后开始视频录制。

"广角"按钮：广角拍摄功能开关键。一般情况下，"广角"功能默认关闭，点击该按钮，"广角"功能开启。

"更多"按钮：点击该按钮后，即可进入对闪光灯与防抖功能进行调节的界面。

视频速度按钮 极慢 慢 标准 快 极快："快慢速"选项控制开关。选择录制视频对应的播放速度，共有 5 种不同的速度可供选择。

视频时长按钮：选择拍摄视频的总时长。用户可选择录制 15 秒、60 秒或 3 分钟的短视频。

“道具”按钮：添加道具。用户可为即将拍摄的短视频添加有趣的道具。

“录制”按钮：点击该按钮或是长按该按钮，开始录制视频，再次点击按钮则暂停录制。在长按该按钮的情况下，松开按钮也可暂停视频录制。

“相册”按钮：点击该按钮，进入本地照片、视频素材界面，用户可在该界面中导入本地的照片或视频。

拍摄类型按钮：可选择不同的拍摄类型，包括文字、拍照、分段拍、快拍、影集，以及开直播。其中，“文字”并不需要进行拍摄，可直接点击屏幕进行输入，而“开直播”则是直接开始进行视频直播。一般情况下，进入短视频制作界面后，默认为“分段拍”模式。

8.1.2 设置滤镜与道具并进行拍摄

拍摄者在利用抖音拍摄短视频时，可能会受到光线、色调等因素的影响，导致拍摄画面效果不佳。这时，为了展现更好的拍摄效果，拍摄者可以在 App 中设置滤镜，并添加道具，为短视频增加趣味，打造不同的风格，其具体操作步骤如下。

步骤1 打开抖音，点击“短视频制作”按钮，进入短视频制作界面，如图 8-3 所示。

步骤2 在短视频制作界面中点击右侧的“滤镜”按钮，如图 8-4 所示。

▲ 图8-3 进入短视频制作界面

▲ 图8-4 进入滤镜界面

步骤3 滤镜界面中有多款滤镜可供选择。这里❶点击“新锐”分类，❷点击“拍立得”按钮，如图 8-5 所示。

步骤4 ❶点击空白处退出滤镜界面，此时可以看到拍立得滤镜已经覆盖画面。❷点击“道具”按钮，如图 8-6 所示。

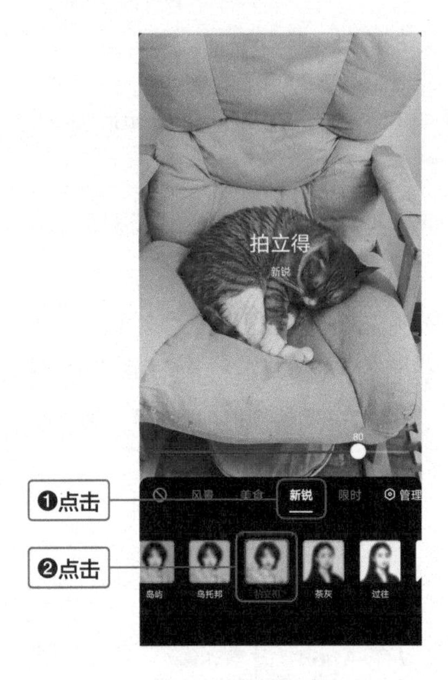

▲ 图8-5　选择滤镜

▲ 图8-6　点击“道具”按钮

步骤5 进入道具界面后，可看到多款道具供拍摄者选择。❶点击“场景”分类，❷点击“录像 VCR”按钮，如图 8-7 所示。

▲ 图8-7　选择道具

步骤6 道具已经应用，点击屏幕空白处，退出道具界面，如图 8-8 所示。

步骤7 可以看到随着道具的选定，界面上方的“选择音乐”按钮处出现了推荐音乐。此时，拍摄者可以长按或点击“录制”按钮开始拍摄视频，如图 8-9 所示。

▲ 图8-8　点击屏幕空白处

▲ 图8-9　设置成功后开始拍摄视频

名师提点

虽然在拍摄时已经添加了滤镜，但在视频拍摄完成后，或上传本地视频后，拍摄者依然可以为短视频添加滤镜效果。注意，道具效果只能在视频拍摄前进行设置。

8.1.3　视频分段拍摄与合成

如果单纯使用相机或摄像机拍摄视频，虽说能达到更高清的拍摄效果，却需要将所有素材单独拍摄，之后再借助视频剪辑软件将一段段独立的素材视频进行合成，才能形成完整的短视频。

而在抖音中，拍摄者可以使用“分段拍摄”功能来拍摄不同角度或不同时间的视频素材，达到“一次性拍摄”的目的，系统会将素材按顺序自动合成为一段完整的视频，十分便捷。抖音“分段拍摄”的具体操作步骤如下。

步骤1 打开抖音，点击“短视频制作”按钮，进入短视频制作页面。

步骤2 进入分段拍，拍摄第一段视频。❶系统默认为“快拍”模式，在界面下方点击“分段拍”按钮，❷长按“录制”按钮进行拍摄。拍摄完目标 1 后，❸松开“录制”按钮，可以看到第一段视频已经保存，还可继续拍摄第二段视频。此时，如果对第一段视频的拍摄效果不满意，则可❹点击“退出”按钮，删除第一段视频，重新进行拍摄，如图 8-10 所示。

步骤3 拍摄完目标 1 后，接着进行目标 2 的素材拍摄，即拍摄第二段视频。在目标 2 的拍摄起始位置❶长按“录制”按钮进行拍摄，拍摄完毕后❷松开“录制”按钮，❸点击“√”按钮进行预览，如图 8-11 所示。

▲ 图8-10　拍摄第一段视频

步骤4 预览视频拍摄效果，可以看到两段视频已经自动合成为一段视频。此时，如果需要继续拍摄后续视频，可点击“<”按钮，回到拍摄界面继续进行拍摄，如图 8-12 所示。

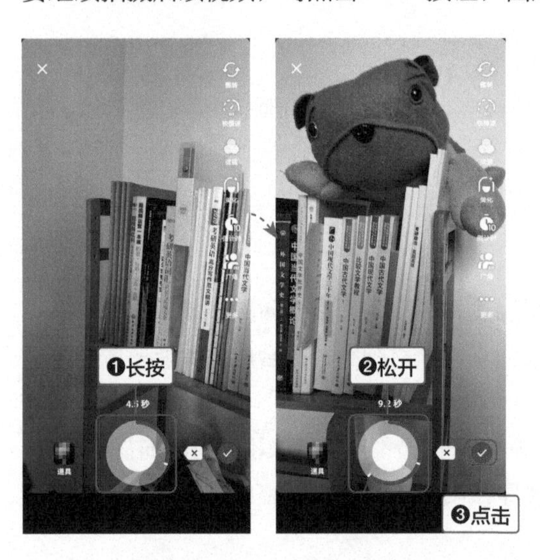

▲ 图8-11　拍摄第二段视频

▲ 图8-12　预览视频效果

名师提点

抖音也可以直接将上传的两段视频素材按照素材的选择顺序进行拼接，自动合成为一段视频。

8.1.4　为视频添加背景音乐

配乐是抖音短视频的灵魂，剪辑人员需要为视频添加风格相符的背景音乐，突出视频的情绪，达到感染用户的目的。在抖音中为视频添加背景音乐的具体操作步骤如下。

步骤1 打开抖音，点击“短视频制作”按钮，进入短视频制作界面。

步骤2 在短视频制作界面点击“选择音乐”按钮，如图 8-13 所示。

步骤3 进入配乐选择界面后，可看到许多供选择的配乐。❶ 点击“收藏”栏目，❷ 点击 *Somebody That I Used To Know* 的音乐封面播放键进行试听，如图 8-14 所示。

▲ 图8-13 点击“选择音乐”按钮

▲ 图8-14 寻找并试听合适的配乐

步骤4 试听音乐后，如果确认使用该配乐，则点击“使用”按钮，如图 8-15 所示。

步骤5 界面跳转后，可以看到“选择音乐”按钮已经变为滚动显示配乐名称，如图 8-16 所示，表示已经成功添加该音乐作为视频配乐。当长按“录制”按钮时，就会听到配乐同步响起。

▲ 图8-15 使用合适的配乐

▲ 图8-16 成功添加背景音乐

8.1.5 上传短视频到抖音平台

当完成短视频的拍摄与制作后，发布就成了迫在眉睫的工作。将短视频成品发布到抖音平台的具体操作步骤如下。

步骤1 打开抖音，点击“短视频制作”按钮[+]，进入短视频制作界面。

步骤2 制作完一段视频后，系统会跳转到图 8-17 所示的界面。在该界面中，❶点击“发日常”按钮，则该视频会被快速上传到用户的抖音动态中，展示时间为 1 天。如果需要长期展示该视频，则❷点击“下一步”按钮，进行更多设置。

步骤3 进入发布界面，❶为短视频编辑文案，并在其中添加话题或 @ 好友。❷完成短视频发布的各项设置，包括设置定位、选择是否添加小程序，以及设置可观看视频的人群后，❸选择合适的封面。全部设置完成并确认无误后，❹点击“发布”按钮，如图 8-18 所示，这样就将视频上传并发布到抖音平台了。

▲ 图8-17　选择视频发布状态

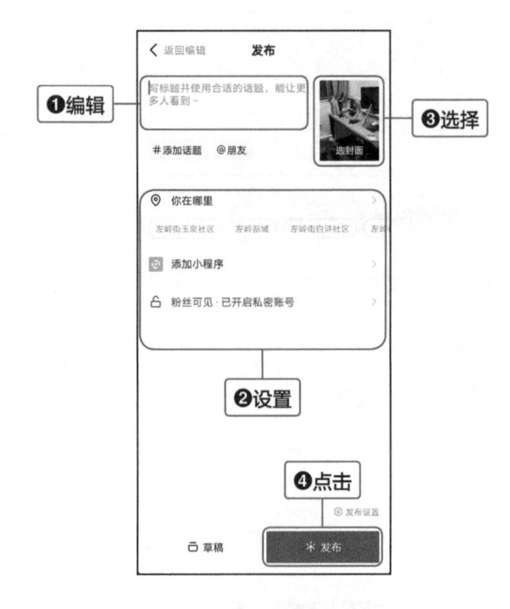

▲ 图8-18　编辑并发布

8.2 巧用拍摄技巧提升短视频质量

如果将短视频看作一段娓娓道来的故事，那么任何观众应该都不希望它是平铺直叙的，而是跌宕起伏的。对于短视频的视觉语言其实也一样，观众总是希望看到更丰富的视觉表达。因此，拍摄者需要熟练掌握不同的拍摄技巧，提高短视频的观赏性，以获得更多点赞与评论数。

8.2.1 录制与众不同的变速视频

有时，为了使短视频的画面更具有表现力，剪辑人员会将视频的速度加快或放慢，而在抖音中，拍摄者可以直接拍摄出或快或慢的视频素材，省去了后期加工的工作。在抖音中拍摄变速视频的具体操作步骤如下。

步骤1 打开抖音，点击“短视频制作”按钮[+]，进入短视频制作界面。

步骤2 ❶ 点击右侧的“快慢速”按钮，❷ 点击“极慢”按钮，进入极慢速度的拍摄界面，如图 8-19 所示。

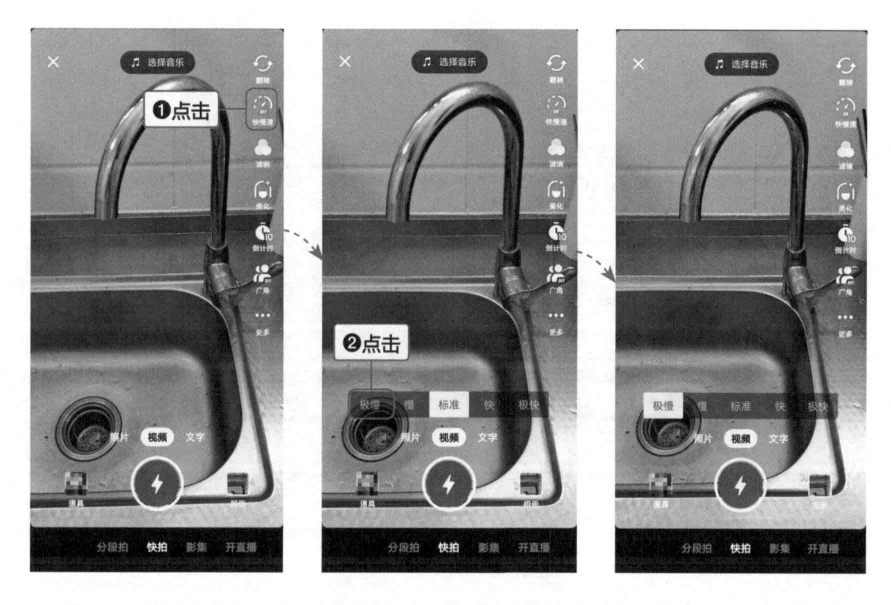

▲ 图8-19　设置视频拍摄速度

步骤3 ❶ 长按“录制”按钮，迅速打开水龙头开关，❷ 松开“录制”按钮，并关掉水龙头，视频拍摄完毕，如图 8-20 所示。

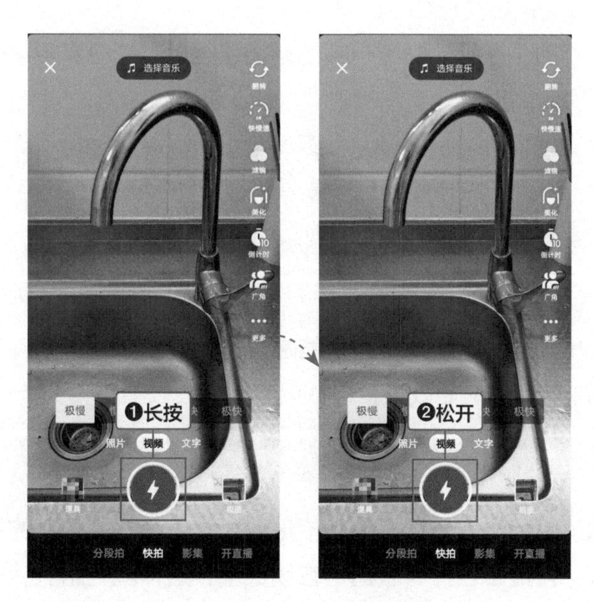

▲ 图8-20　拍摄变速视频

步骤4 预览视频拍摄效果。可以看到，在极慢速度下录制的水龙头开启的一瞬间，甚至能清楚地看到水从出水口缓慢流出的画面，以及停在半空中的状态，如图 8-21 所示。

▲ 图8-21 预览视频拍摄效果

8.2.2 适合技术流运镜方式拍摄的3类短视频

短视频用户们几乎都曾为炫酷的技术流视频发出过惊叹，这些技术流视频拥有令人目不暇接的转场和突出的视频效果，能让观众们纷纷主动点赞。

技术流运镜是指在短视频中，通过镜头快速运动切换不同的景别，营造画面节奏感的运镜方式。这类运镜方式的拍摄技巧如下。

- 让镜头跟着手移动。在设计好短视频的运镜路线后，拍摄者可以想象手和镜头是捆绑在一起的，在实际拍摄时，手往哪里动，镜头就往哪里走。
- 转抛推拉、定点停顿。当拍摄者学会第一步后，可以在运镜动作上进一步升级，例如配合音乐节奏，将镜头拉近或推远，或是进行旋转等。

适合运用技术流运镜方式拍摄的 3 类短视频如下。

1. 瞬间换装视频

瞬间换装视频在抖音中一度流行，播主能在非常短暂的时间内实现不同服装的切换。虽然观众们明白这是视频剪辑达成的效果，但依旧会被视频效果所吸引。

像这样不停地进行连续换装的短视频，到底是怎么拍摄的呢？实际上，拍摄这种类型的短视频并不难。

第一种方法，利用服装作为转场。首先拍摄播主穿着第一件衣服的视频，然后暂停，紧接着换上第二件衣服，再把第一件衣服遮挡在镜头上，这样就利用服装形成了一个最简单的遮挡转场特效，换装视频也就拍摄完成了。

第二种方法，不需要遮挡转场。拍摄播主身着不同服装的画面，并将素材剪辑成希望的样子。例如，有些视频展现的效果是播主握住服装的衣领，做出扒衣服的动作，然后迅速切换到下一件，有些则直接展现播主穿着不同服装配合道具摆动作的样子。最后，将希望展现的视频片段拼接在一起即可。

2. 瞬间转场视频

在部分短视频中，观众会看到镜头随着播主的眼神从左边移动到右边，然后立马切换到下一个镜头，下一个镜头的运镜方式同上一个镜头一样，但播主所处的背景却变了。这类拍摄技巧十分适合在旅行 Vlog 中作为转场，可以在短时间内切换许多不同的场景。

这样的镜头看似简单，但许多拍摄者在模仿时，却发现自己拍摄出的效果与原视频大相径庭。实际上，这类短视频以播主的肩膀为拍摄定点，就能很顺利地复刻。

在拍摄第一个镜头时，相机从播主的左边肩膀出发，播主的脸也正对着镜头，然后随着播主的脸从左向右 180° 转动，镜头也随之移动，当移到播主右边肩膀时，则遮挡镜头完成拍摄。接下来的镜头也用同样的方式进行拍摄，即可完成。

名师提点

拍摄中尽量保持手机匀速运动，可以配合音乐节奏拍摄旅途中的地点变化、一天中的生活起居等，拍摄对象应可以伴随着场景、时间变换。

3. 空间瞬移视频

空间瞬移视频也是一种十分吸睛的短视频类型。在视频中，镜头会随着播主的手势方向运动，顺势进行转场，等到下一个场景出现，播主就已经“瞬移”到了另一处地点。这样的短视频是怎么拍摄出来的呢?

其实，这种看起来十分炫目的效果只需要播主与拍摄者协调合作就能拍摄出来。相机在固定机位拍摄视频素材至结尾处时，播主手势向左（右）一挥，镜头同步跟随手势迅速向左（右）转，将人切出画面，停止拍摄。下个场景甩进时从相同的方向切入，也用相同的方式拍摄结尾。

名师提点

拍摄左（右）瞬移时，相机移动速度一定要快，快到画面在移动时呈模糊状态。但是，水平方向不能出现抖动。另外，出场/入场一定要方向相同。

8.2.3 制作时光倒流特效

常言道“光阴似箭”，光阴就像离弦之箭，开弓就无法回头。但在短视频的特效世界中，时光是可以倒流的。抖音中自带的“时间特效”，可以轻松实现“时光倒流”的效果。具体的操作方法如下。

步骤1 打开抖音，点击“短视频制作”按钮[+]，进入短视频制作界面。

步骤2 选择素材。❶ 点击“相册”按钮，在“所有照片”中，❷ 点击需要进行倒放的视频素材，如图 8-22 所示。

步骤3 进入特效界面。在界面中点击右侧的“特效”按钮，如图 8-23 所示。

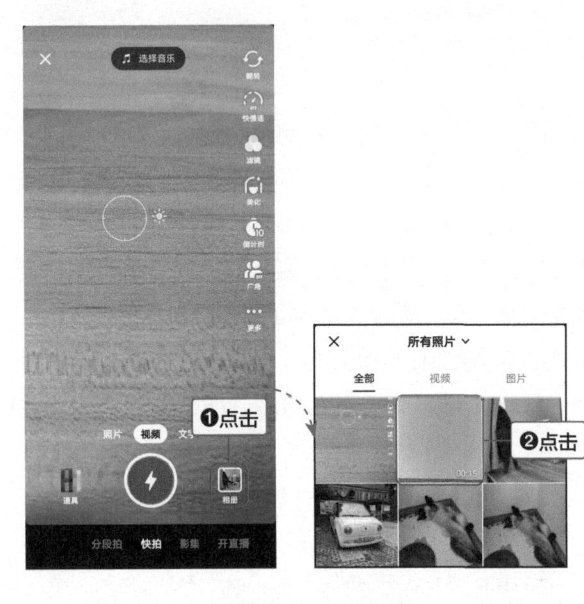

▲ 图8-22　选择素材

▲ 图8-23　点击“特效”按钮

步骤4 点击“时间”分类。在特效界面最下方，❶ 向左滑动分类导航，❷ 找到并点击“时间”分类，如图 8-24 所示。

步骤5 选择特效。在时间特效界面，❶ 点击“时光倒流”按钮，❷ 点击播放键进行效果预览，如图 8-25 所示。

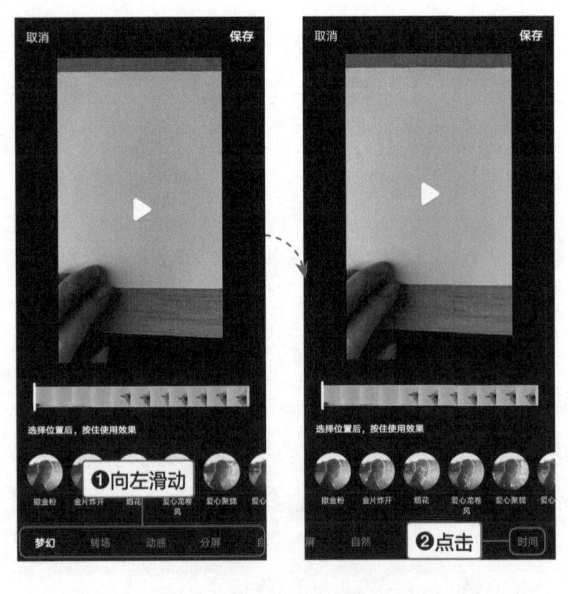

▲ 图8-24　点击“时间”分类

▲ 图8-25　选择特效并预览

步骤6 预览视频效果，可以看到，视频中原本画好的图案，因为视频倒放而渐渐消失，如图 8-26 所示。

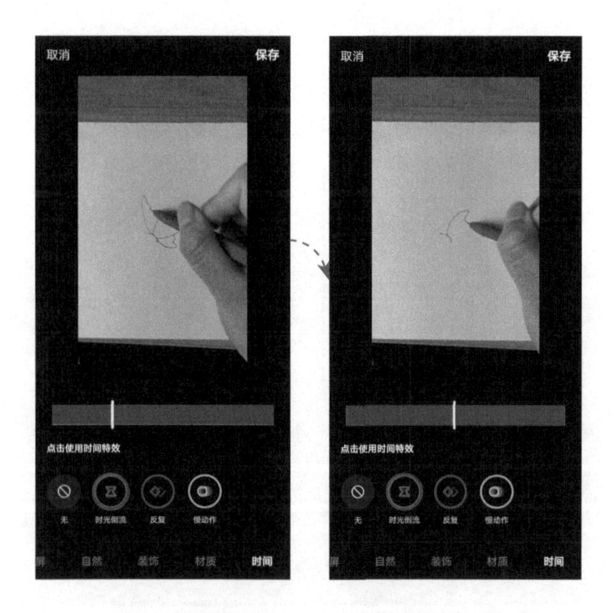

▲ 图8-26 预览视频效果

8.2.4 根据背景音乐运用镜头

众所周知，背景音乐是抖音视频中渲染气氛的重要部分，从背景音乐出发也衍生了许多类型的短视频，例如卡点短视频等。这些视频的关键在于：演员动作和运镜方向充分与背景音乐配合，强化音乐节奏，为观众带去更具震撼力的画面。

为了突出背景音乐的表现力，拍摄者需要配合背景音乐中的歌词与节奏，实现演员的动作演绎与节奏运镜，具体的实现方法如下。

步骤1 按照背景音乐中的歌词与短视频内容设计演员动作与运镜方向。例如，当歌词中出现“太阳”时，演员就做出被太阳晒到眯眼的动作——用手挡住额头，并眯起眼睛，同时将镜头拉远；当歌词中出现“雨伞”时，加入雨伞道具，并将伞撑起来，同时镜头随着雨伞一同运动，直到演员入镜，且停留 1 秒。除去特定的歌词意象外，拍摄者与演员还可以按照视频往常的风格进行其他部分的运镜设计。

步骤2 打开抖音，点击“短视频制作”按钮[+]，进入短视频制作界面，添加背景音乐，如图 8-27 所示。

步骤3 调整视频录制速度。❶ 点击界面右侧的“快慢速”按钮，❷ 点击“慢”按钮，如图 8-28 所示。这一步的目的是将视频录制速度放慢，让演员与拍摄者能更从容地录制视频。

步骤4 根据步骤 1 中的动作设计和运镜设计进行视频录制。在录制过程中，可根据实际情况调整演员动作或运镜路线。

步骤5 录制完毕后，预览视频效果。可以看到，虽然录制速度调整了，但最终视频速度是正常的。

▲ 图8-27　添加背景音乐

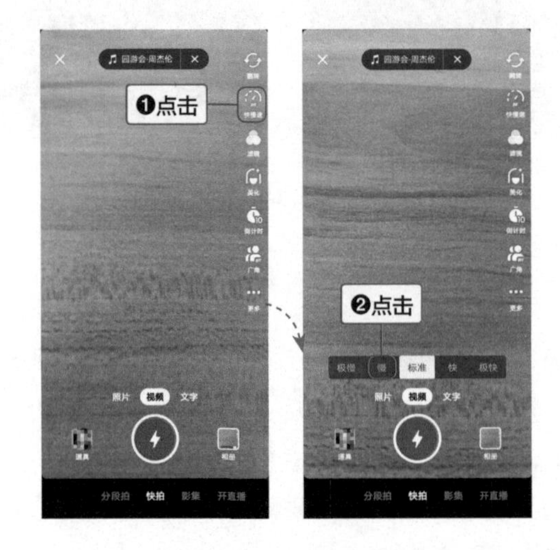

▲ 图8-28　调整视频速度

在以背景音乐为核心进行视频拍摄时，拍摄者与演员需要提前设计并牢记演员动作与拍摄时的运镜路线。在第一遍拍摄后，拍摄者可以对拍摄成果进行预览，这时，视频动作与运镜的合理性也会体现出来。出现对某部分不满意的情况是十分正常的，这时，拍摄者与演员可以对上一个方案进行更改，并重新拍摄。这也是短视频拍摄者与演员得到充分锻炼与成长的过程。

8.2.5　上下左右分屏、多屏合拍

合拍视频是增强播主、用户间互动的有效方法，也为短视频用户带来了无尽的趣味。用户时常能刷到播主们的二人合拍视频，视频中两位播主通常是一左一右分列视频的两侧。这些上下左右分屏、多屏合拍是怎么做到的呢？具体的实现方法如下。

步骤1 打开抖音，找到一段已经是分屏合拍的短视频，点击“转发”按钮，进入转发界面，在弹出的对话框中点击“合拍”按钮，如图 8-29 所示。

步骤2 调整左右布局。画面跳转至拍摄者加入合拍画面的场景，可以看到原视频的合拍

者位于画面的右边，而拍摄者的镜头位于画面的左边。如果对于默认的画面布局不满意，可以❶点击“布局”按钮，在新界面中❷点击“左右切换”按钮，如图 8-30 所示。

▲ 图8-29 点击“合拍”按钮

▲ 图8-30 调整左右布局

步骤3 调整“上下”或“抢镜”布局。拍摄者还可以使用界面中的其他按钮来调整布局。例如，❶点击“上下”按钮，或者❷点击“抢镜”按钮再次调整布局，得到的画面如图 8-31 所示。

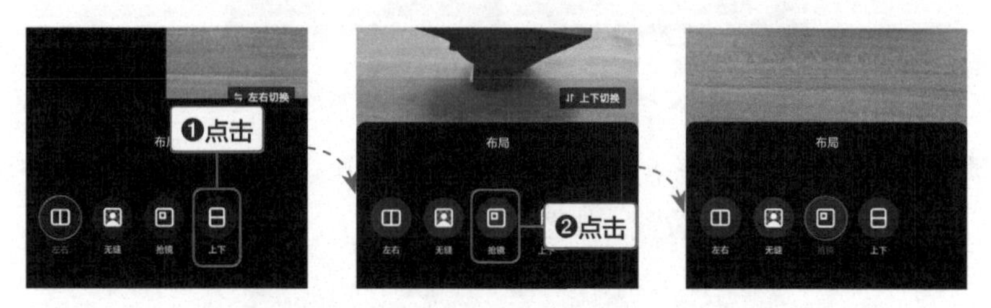

▲ 图8-31 调整“上下”或“抢镜”布局

步骤4 开始录制。得到满意的画面布局后，点击画面空白处即可退出布局调整界面。此时，拍摄者可长按或点击“录制”按钮进行合拍录制，如图 8-32 所示。

▲ 图8-32 开始合拍录制

8.2.6 拍摄画面放大的特效

短视频用户时常会遇见这样的情况：一个点赞破万的搞笑类短视频，在视频的开头看不出笑点在哪，直到视频画面被不断放大，才发现“亮点”藏在了视频的细节处。这种在拍摄中逐渐放大画面的效果，在抖音中也能复现，其实现方法如下。

步骤1 打开抖音，点击“短视频制作”按钮[+]，进入短视频制作界面。

步骤2 拍摄画面放大特效。对准拍摄目标，❶长按“录制”按钮不放，❷将按住按钮的手指逐渐上移，直到画面细节被完全放大，如图 8-33 所示。

▲ 图8-33 拍摄画面放大特效

步骤3 预览视频效果。拍摄完毕，视频会自动预览。可以看到视频中拍摄目标逐渐放大，到最后占据了视频画面的大部分位置，如图 8-34 所示。

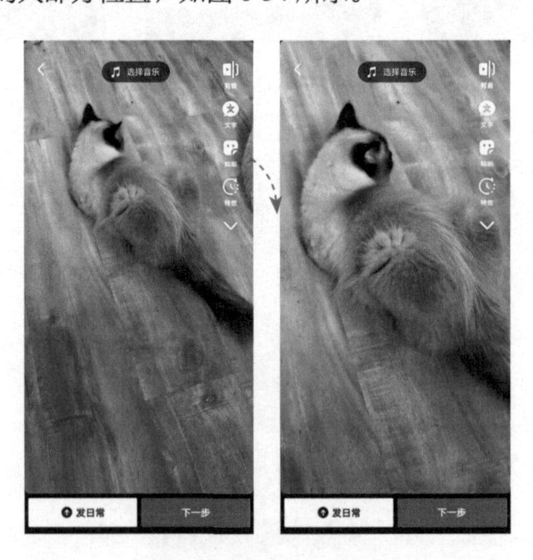

▲ 图8-34 预览视频效果

名师提点

手指向上移动得越远，放大的倍数越高。在拍摄过程中，拍摄者要时刻谨记“手指紧贴屏幕”，直到视频录制完成。

8.2.7 善用贴纸，让短视频更生动、有趣

贴纸能够增加视频的生动性，增强视频的表达效果。在抖音中也能为视频添加贴纸，帮助剪辑人员产出更加有趣的短视频，其具体的实现方法如下。

步骤1 打开抖音，点击“短视频制作”按钮⊞，进入短视频制作界面。

步骤2 点击“贴纸”按钮。拍摄一段视频，或上传一段本地视频，点击界面右侧的“贴纸”按钮，如图 8-35 所示。

步骤3 选择具体的贴纸。进入贴纸界面，可看到有多款贴纸供选择。向上滑动界面，选择“五月”贴纸，如图 8-36 所示。

▲ 图8-35 点击“贴纸”按钮

▲ 图8-36 选择具体的贴纸

步骤4 调整贴纸的位置。界面自动跳转后，可以看到贴纸已经添加在视频中。❶ 按住贴纸，将其拖动到合适的位置，❷ 松开手指，贴纸便被固定在此处，如图 8-37 所示。

▲ 图8-37 调整贴纸的位置

8.3 高手私房菜

1. 使用快影快速切换横竖屏

虽然新版抖音已经推出将横版视频全屏播放的功能，但对于剪辑人员来说，横竖屏切换仍然是必不可少的工作内容。可以利用快影快速切换横竖屏，具体的操作步骤如下。

步骤1 打开快影。

步骤2 在主界面中，点击上方的“开始剪辑”按钮，如图 8-38 所示。

步骤3 进入素材界面，❶ 点击需要进行横竖屏切换的素材，确认无误后，❷ 点击“完成”按钮，如图 8-39 所示。

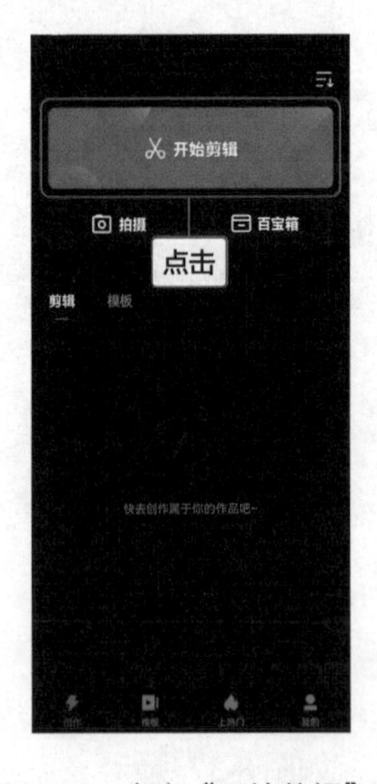

▲ 图8-38 点击“开始剪辑”按钮

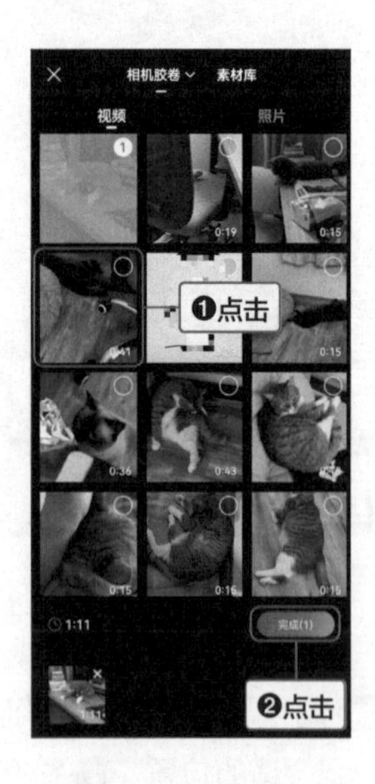

▲ 图8-39 选择素材

步骤4 导入素材后，可以看到视频本身的比例为 16∶9，需要转化成适合短视频用户观看的竖屏比例。点击视频上方的“比例”按钮，如图 8-40 所示。

步骤5 进入比例调整界面，❶ 点击“9∶16”按钮，出现 9∶16 的视频预览效果，确认无误后，❷ 点击“√”按钮，如图 8-41 所示。

▲ 图8-40 点击“比例”按钮

▲ 图8-41 调整视频比例

步骤6 调整完毕后视频便从横屏模式变成了竖屏模式，剪辑人员可以继续进行其他编辑，或是点击右上方的“做好了”按钮，如图 8-42 所示。

步骤7 在“导出设置”界面，剪辑人员可自行调整分辨率与帧率，调整完成后可点击“不分享，直接导出”或者“导出并分享”按钮，导出视频，如图 8-43 所示。

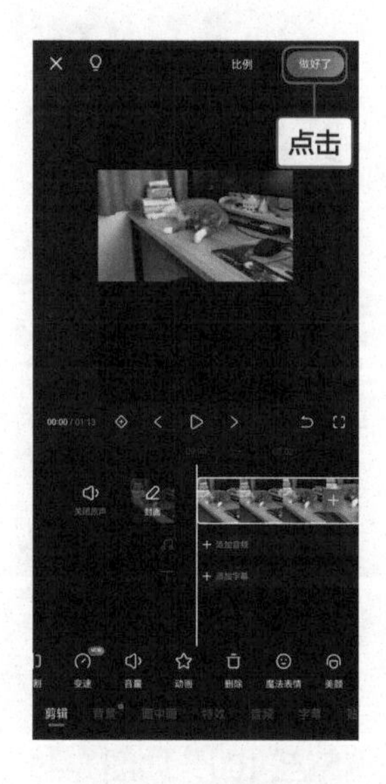

▲ 图8-42 调整完毕

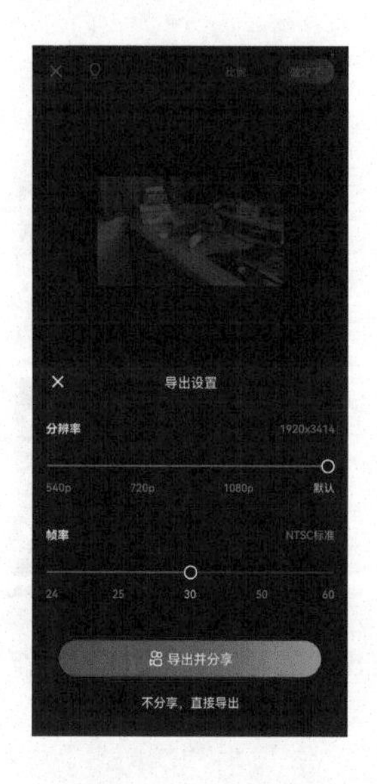

▲ 图8-43 导出视频

2. 两个小技巧摆脱“路人感”，产出高质量短视频

在进入短视频领域的初期，许多创作者缺乏专业的拍摄设备，也不具备专业的拍摄技巧，只能用普通人自拍的方式来进行短视频拍摄。但通过这种方式拍摄出的短视频往往显得十分“业余”，很难得到良好的表现效果，观众只会觉得这就是一个路人拍摄的短视频，难以产生长期关注的想法。

这时，创作者也不必灰心，除了长期的练习外，学会下面两个拍摄小技巧，就能迅速摆脱“路人感”，提升视频质量。

第一，学会运用后置摄像头。很多时候，视频质量看起来不高的原因，是视频的清晰度不够，以及播主的体姿语言不协调、不自然等。创作者要学会利用三脚架，摆脱前置摄像头，使用更高清的后置摄像头，半身出镜拍摄短视频。

第二，不断锤炼文案。日常对话中，人们难免带有一些口头语，但在短视频这种单方面交流的模式中，过多的口头语或停顿会显得播主不够专业。创作者需要多锤炼文案，不必设置修改次数上限。口齿清晰、语言精练才能显示出播主的专业度。

3. 3个步骤解决上传的视频不清晰问题

新手创作者有时会发现，拍摄和制作过程中画质都非常清晰的短视频，在上传到平台后，画面清晰度明显降低。但其他播主的视频却非常清晰，相较之下，自己的视频画质很差，流量与热度自然不会高。那么这个问题如何解决呢？

步骤1 打开抖音，点击“短视频制作”按钮，进入短视频制作页面，如图 8-44 所示。

步骤2 在短视频制作页面中点击右侧的“美颜”按钮，如图 8-45 所示。

▲ 图8-44 点击“短视频制作”按钮

▲ 图8-45 点击“美颜”按钮

步骤3 ❶ 点击“清晰”按钮，❷ 拖动上方的滑块将数值调整至 100，如图 8-46 所示。

步骤4 拍摄完成后，❶ 点击画面右侧的向下箭头按钮，❷ 点击“画质增强”按钮，启用

此功能，❸点击“下一步”按钮，如图 8-47 所示。

▲ 图8-46 调整清晰数值

▲ 图8-47 启用画质增强功能

步骤5 进入发布页面后，❶点击“高级设置”按钮，在展开的“高级设置”选项组中❷点击“高清发布”开关按钮，开启高清发布功能，❸点击“发布”按钮，如图 8-48 所示。

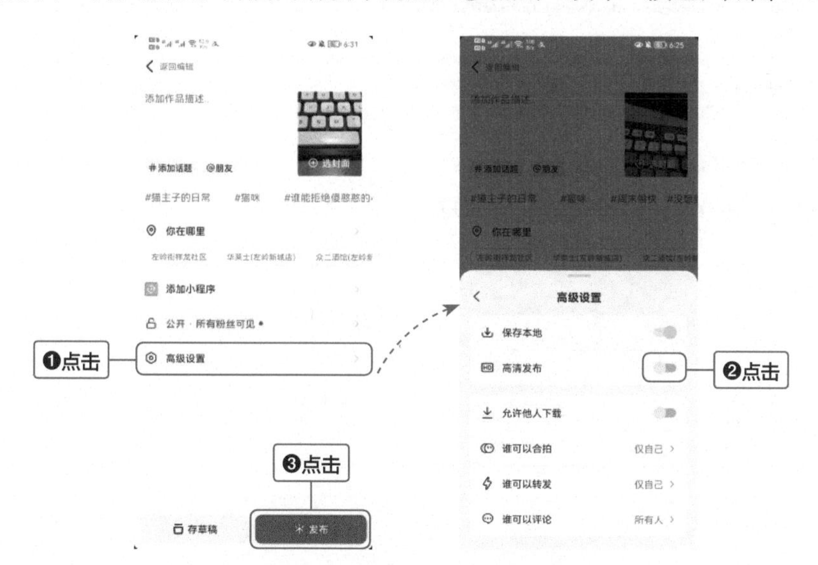

▲ 图8-48 开启高清发布功能后发布视频

第9章 后期剪辑提升短视频质量

本章导读

在短视频制作中，视频剪辑是十分重要的一环，高超的剪辑技术不仅能精准地表达视频创作理念，还能画龙点睛，为短视频注入“灵魂”与“情感”。如今，半路出家进入短视频领域的创作者非常多，他们没有什么拍摄经验，剪辑技术也亟待提升。

这时，方便、快捷、易上手的剪辑工具就显得十分重要了。本章将分别基于手机端的剪映与PC端的Premiere，介绍常用的剪辑功能与操作方法，帮助初学者快速掌握剪辑技术，提高短视频质量。

本章学习要点

- 使用剪映剪辑短视频的方法
- 使用Premiere剪辑短视频的方法

9.1 短、平、快的剪辑工具：剪映

剪映是抖音官方推出的一款视频编辑软件，功能齐全，简单易操作，支持用户用抖音账号登录，并且同步用户在抖音中收藏的背景音乐。剪映于 2019 年 5 月上线，目前支持手机端、Pad（平板计算机）端、Mac 和 Windows PC 端使用。下面将详细介绍使用剪映进行视频剪辑的常用方法和技巧。

9.1.1 一键成片

想要将一段素材加工成能上传到短视频平台供用户观赏的视频作品，需要经过剪切、配乐、字幕、特效、调色等步骤，缺少任何一个步骤都会影响短视频最终的呈现效果。剪映为用户设计了一个快速编辑视频的功能——一键成片，剪辑人员只需要将待剪辑的视频导入，即可获得一个编辑好的短视频成品，具体的操作步骤如下。

步骤1 打开剪映，登录个人账号。

步骤2 在主界面中，点击“一键成片”按钮，如图 9-1 所示。

步骤3 进入素材界面，❶ 点击选择需要剪辑的视频素材，确认无误后，❷ 点击“下一步”按钮，如图 9-2 所示。

▲ 图9-1 点击“一键成片”按钮

▲ 图9-2 选择视频素材

步骤4 在推荐模板中，点击选择适合视频素材的模板，视频最终效果自动预览，如图 9-3 所示。

名师提点

“一键成片”功能会对导入的视频素材进行智能识别，并会为剪辑人员一次性提供10个推荐模板。如果对推荐模板不满意，可退出编辑，并再一次导入视频，推荐模板会进行一定的更新。

▲ 图9-3　选择模板与预览视频效果

9.1.2　为视频作品添加字幕

大部分短视频都需要一个画外音来对视频内容进行说明，同时，画外音也需要在视频中得到视觉上的体现，这就催生了为视频添加字幕的需求。在剪映中为短视频添加字幕的具体操作步骤如下。

步骤1 打开剪映，登录个人账号。

步骤2 在主界面中，点击上方的“开始创作”按钮[+]，如图 9-4 所示。

步骤3 进入素材界面，❶ 点击选择需要配字幕的视频素材，确认无误后，❷ 点击“添加”按钮，如图 9-5 所示。

▲ 图9-4　点击“开始创作”按钮

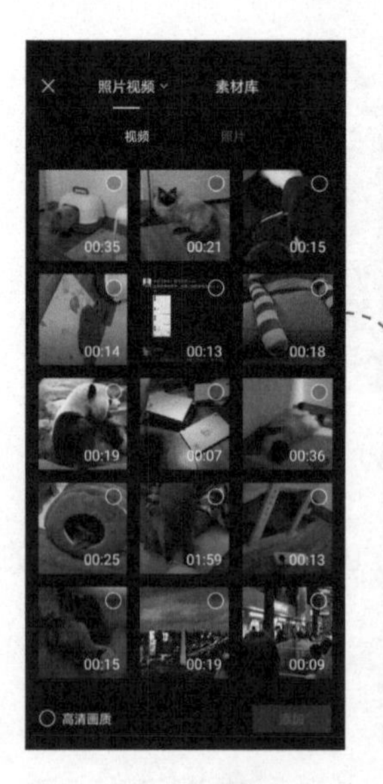

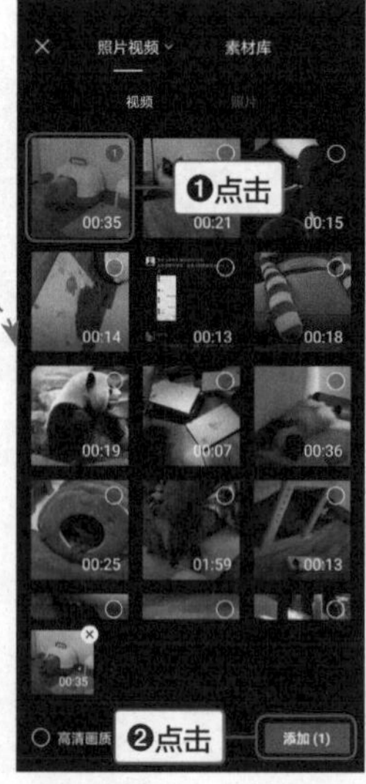

▲ 图9-5　选择视频素材

步骤4 素材导入成功后，❶ 点击底部菜单栏中的“文字”按钮，❷ 在跳转到的界面中点击“新建文本”按钮，如图 9-6 所示。

步骤5 进入“文字”编辑界面，❶ 输入相应的字幕文案，❷ 对字幕的各项参数进行设置，如图 9-7 所示。

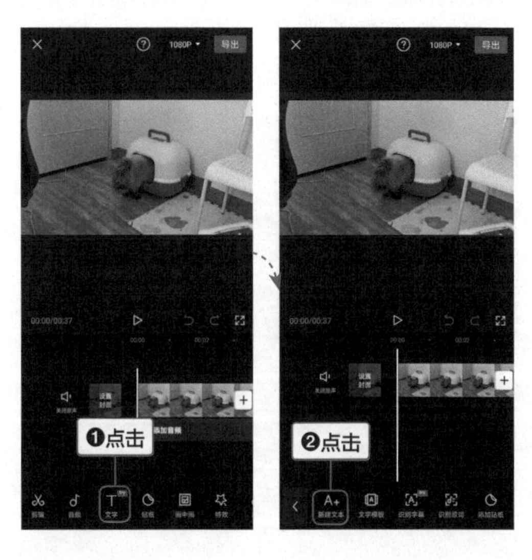

▲ 图9-6 依次点击“文字”按钮和“新建文本”按钮

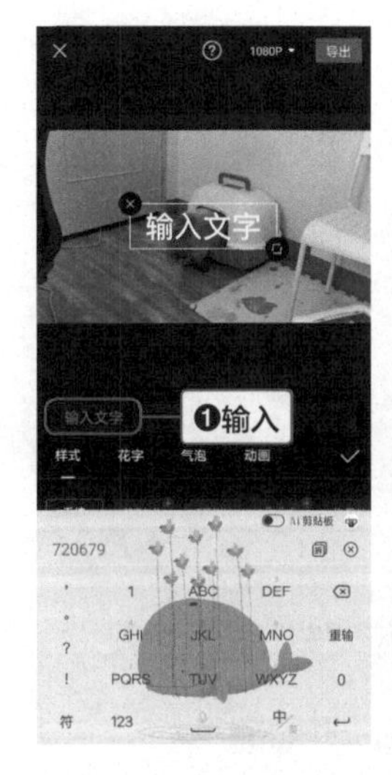

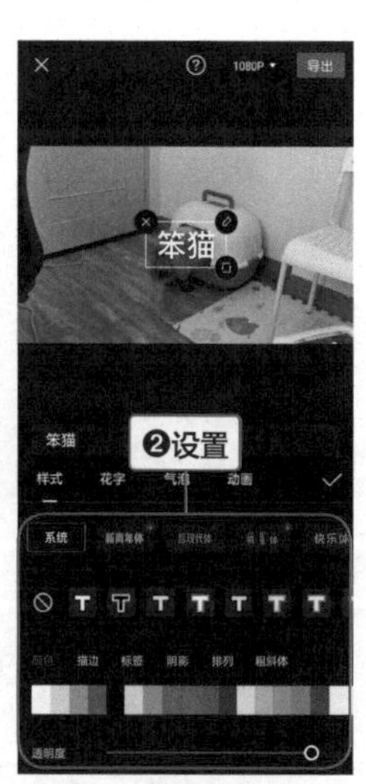

▲ 图9-7 输入字幕文案并设置数值

步骤6 ❶ 长按字幕，❷ 将其拖动至合适的位置后停下，如图 9-8 所示。

步骤7 ❶ 按住字幕时间线的前 / 后端，❷ 向前 / 后拖动，以调整字幕出现的时间，字幕自动导入后可预览效果，以检查字幕效果是否有误，如图 9-9 所示。

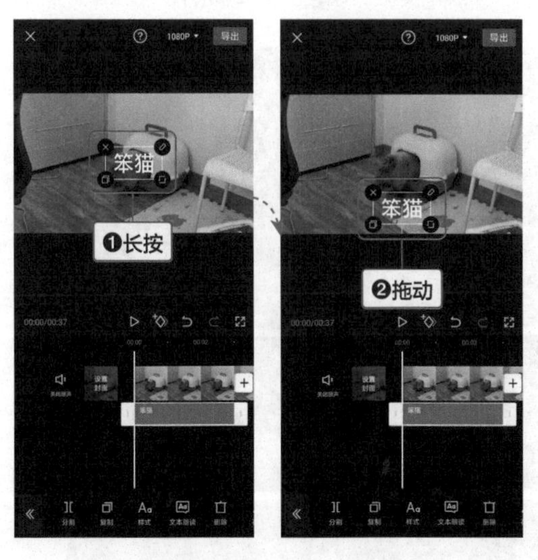

▲ 图9-8 调整字幕位置

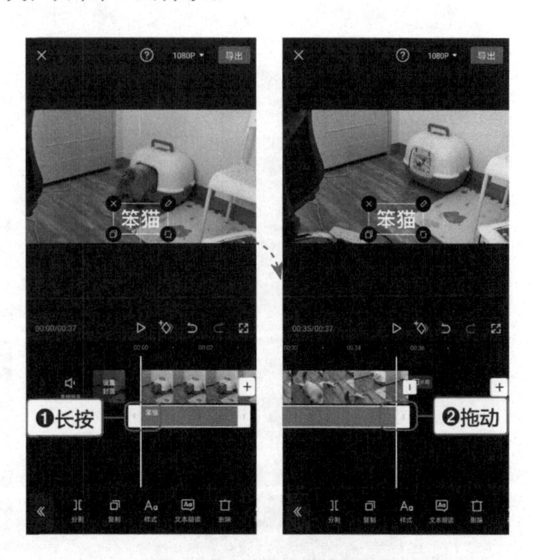

▲ 图9-9 调整字幕出现时间

步骤8 点击“播放”按钮，预览视频，可以看到字幕出现的时间与位置，再次确认字幕的内容、位置及出现时间是否合适，如图 9-10 所示。

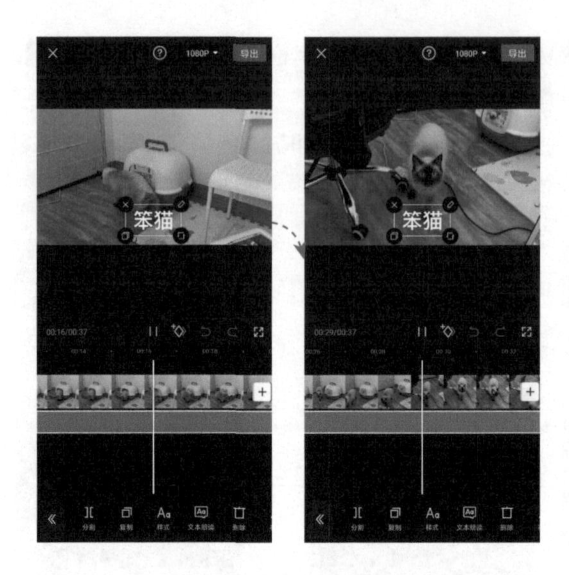

▲ 图9-10　预览视频效果

步骤9 点击“导出”按钮导出视频。

9.1.3　制作音乐卡点视频

节奏感超强的背景音乐是抖音火爆的重要原因之一，而卡点视频是伴随着各大火爆的背景音乐而生的。用剪映制作音乐卡点视频的方法如下。

步骤1 打开剪映，登录个人账号。

步骤2 在主界面中，点击底部菜单栏中的“剪同款”按钮，如图 9-11 所示。

步骤3 ❶ 点击“卡点”分类，❷ 选择想要的“卡点”模板，如图 9-12 所示。

▲ 图9-11　点击“剪同款”按钮

▲ 图9-12　选择“卡点”模板

步骤4 进入“卡点”模板后，可以看到该模板的效果展示。点击“剪同款”按钮，如图 9-13 所示。

步骤5 进入素材选择界面，该视频需要导入 5 段素材，视频或照片皆可，此处选择了照片素材。❶ 点击选择 5 段素材，❷ 点击“下一步”按钮，如图 9-14 所示。

▲ 图9-13 预览模板效果并点击“剪同款”按钮

▲ 图9-14 导入素材

步骤6 素材自动导入后同步制作好的视频将自动播放，可预览效果，以检查制作效果是否满意，如图 9-15 所示。

▲ 图9-15 预览制作效果

步骤7 至此音乐卡点视频就制作完成了，点击“导出”按钮导出视频即可。

9.1.4 自动识别语音并生成字幕

大多数短视频除了配音之外，还需要添加同步的字幕，以便用户观看。但使用传统的字幕添加方式在每一帧画面中逐字逐句地输入字幕，不仅工作量大，工作效率也低。利用剪映可以自动添加字幕，其具体的操作方法如下。

步骤1 打开剪映，登录个人账号。

步骤2 在主界面中，点击上方的“开始创作”按钮[+]，如图 9-16 所示。

步骤3 进入素材界面，❶ 点击选择带有配音的视频素材，确认无误后，❷ 点击“添加”按钮，如图 9-17 所示。

▲ 图9-16　点击“开始创作”按钮

▲ 图9-17　选择并添加视频素材

步骤4 素材导入成功后，点击底部菜单栏中的“文字”按钮[T]，如图 9-18 所示。

步骤5 进入文字编辑界面，点击“识别字幕”按钮[A]。如果视频中需要识别的字幕为歌词，则点击“识别歌词”按钮[图标]，如图 9-19 所示。

▲ 图9-18　点击“文字”按钮

▲ 图9-19　点击“识别字幕”或“识别歌词”按钮

步骤6 在弹出的对话框中点击“开始识别”按钮，如图 9-20 所示。

步骤7 字幕已经自动导入，可预览效果，以检查字幕是否有误，如图 9-21 所示。若字幕有误，则点击视频中的字幕处，在弹出的文本框中进行修改。

▲ 图9-20 点击“开始识别”按钮

▲ 图9-21 预览效果

9.1.5 制作动态照片特效

有时，因为技术与条件的限制，拍摄者无法将重要时刻用视频的形式进行记录，只能留下一张静态的照片。在这种情况下，使用剪映就能让静态的照片“动起来”，具体的制作方法如下。

步骤1 打开剪映，登录个人账号。

步骤2 在主界面中，点击底部菜单栏中的“剪同款”按钮，如图 9-22 所示。

步骤3 ❶ 点击顶部的搜索框，❷ 输入“动态照片”，❸ 点击“搜索”按钮，如图 9-23 所示。

▲ 图9-22 点击“剪同款”按钮

▲ 图9-23 搜索“动态照片”模板

步骤4 点击进入“会动的活照片”专题，点击选择“让老照片动起来”模板。

步骤5 进入“让老照片动起来”模板后，能看到该模板的效果展示。如果对比效果满意，点击“剪同款”按钮。

步骤6 进入素材选择界面，❶点击需要导入的素材，确认无误后，❷点击“下一步”按钮，如图 9-24 所示。

▲ 图9-24　导入素材

步骤7 界面跳转后，可以看到导入的素材已经生成了动态效果。若不需要进行其他调整，则直接点击右上角的“导出”按钮，导出视频即可，如图 9-25 所示。

▲图9-25　预览最终效果并导出视频

9.1.6 一键生成酷炫运镜视频

有时，新手拍摄者的素材库中并不缺乏好的素材，只是苦于拍摄手法的平庸，导致视频作品给人平淡、乏味的感觉。这时，剪映可以帮助新手拍摄者弥补这一技术短板。在剪映中，可以利用剪辑模板将原本从固定角度拍摄的素材，转换成拥有酷炫的运镜效果的“技术流”视频。其具体的操作方法如下。

步骤1 打开剪映，登录个人账号。

步骤2 在主界面中，点击底部菜单栏中的“剪同款”按钮。

步骤3 ❶ 点击顶部的搜索框，❷ 输入“运镜”，❸ 点击“搜索”按钮，如图 9-26 所示。

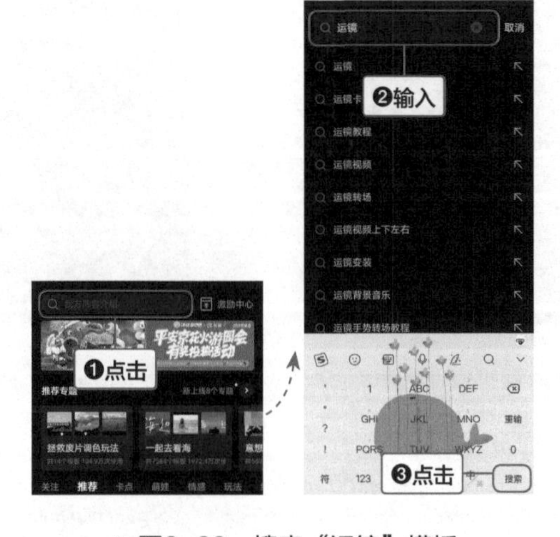

▲ 图9-26 搜索“运镜”模板

步骤4 进入模板选择界面，点击进入“运镜宣传打卡模板”模板，如图 9-27 所示。

步骤5 进入模板后，能看到该模板的效果展示。点击“剪同款”按钮，如图 9-28 所示。

▲ 图9-27 选择模板

▲ 图9-28 预览模板效果并点击“剪同款”按钮

步骤6 进入素材选择界面，❶ 点击选择需要导入的素材，此处选择 7 段视频素材，确认无误后，❷ 点击“下一步”按钮，如图 9-29 所示。

步骤7 界面跳转后，可以看到导入的素材已经组合生成了酷炫运镜效果。此特效配合背景音乐卡点，十分适合产品、美食或美景的展示。若不需要进行其他调整，则直接点击右上角的“导出”按钮导出视频即可，如图 9-30 所示。

▲ 图9-29　导入素材

▲ 图9-30　预览最终效果后导出视频

9.1.7 制作“让人头大”特效

“让人头大”特效多用于萌宠、萌娃类短视频，能达到为视频主体的可爱加分的目的，其具体的制作方法如下。

步骤1 打开剪映，登录个人账号。

步骤2 在主界面中，点击底部菜单栏中的“剪同款”按钮。

步骤3 ❶ 点击“萌娃”分类，❷ 点击“让人头大”模板，如图 9-31 所示。

▲图9-31　点击“让人头大”模板

步骤4 进入“让人头大”模板后，可以看到该模板的效果展示。点击“剪同款”按钮，如图 9-32 所示。

步骤5 进入素材选择界面，该视频需要导入 5 段素材。❶ 点击选择需要导入的素材，确认无误后，❷ 点击“下一步”按钮，如图 9-33 所示。

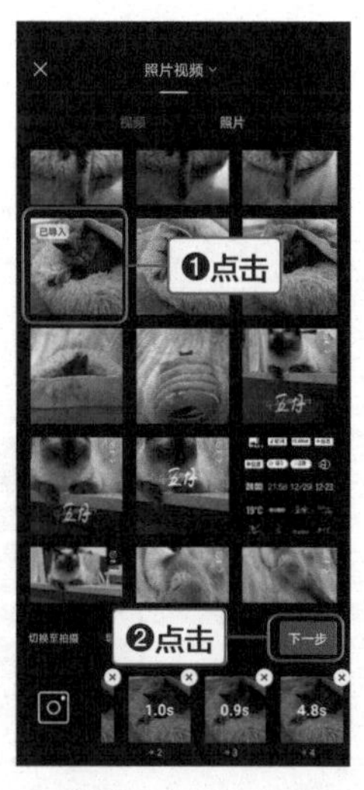

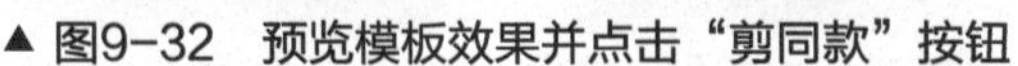

▲ 图9-32 预览模板效果并点击“剪同款”按钮　　▲ 图9-33 导入素材

步骤6 素材自动导入后，同步制作好的视频将自动播放，可预览效果，以检查制作效果是否满意，如图 9-34 所示。

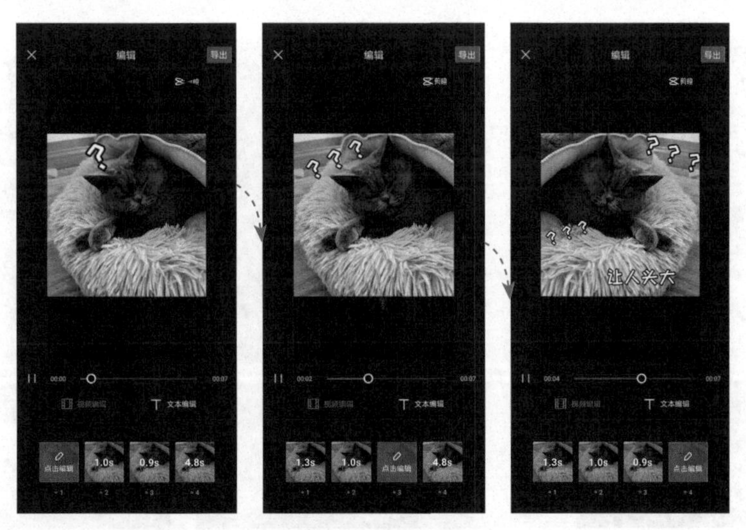

▲ 图9-34 预览制作效果

步骤7 至此“让人头大”特效视频就制作完成了，点击“导出”按钮导出视频即可。

9.1.8 制作“电影感”特效

将短视频制作得像电影一样，或者说让短视频具有“电影感”，是视频制作人员对美与画面质感追求的目标。对 Photoshop 及剪辑技术陌生的短视频制作人员利用剪映，也能制作出“电影感”，具体的制作方法如下。

步骤1 打开剪映，登录个人账号。

步骤2 在主界面中，点击底部菜单栏中的“剪同款”按钮。

步骤3 ❶ 点击顶部的搜索框，❷ 输入“电影切割”，❸ 点击“搜索”按钮，如图 9-35 所示。

▲ 图9-35　搜索“电影切割”模板

步骤4 进入模板选择界面后，点击选择“「电影切割」”模板，如图 9-36 所示。

步骤5 进入模板后，能看到该模板的效果展示。点击“剪同款”按钮，如图 9-37 所示。

▲ 图9-36　选择模板

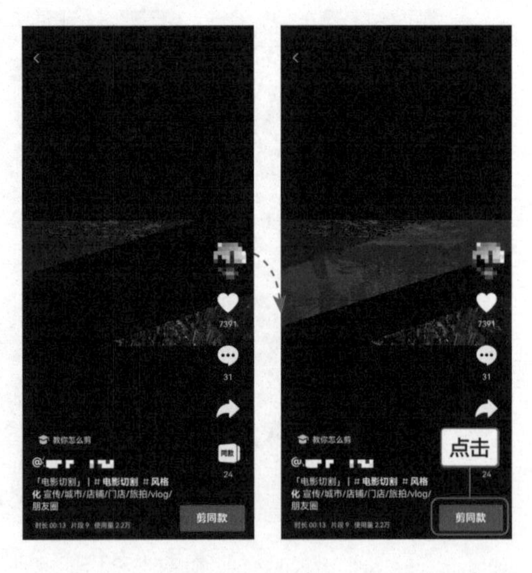

▲ 图9-37　预览效果后点击“剪同款”按钮

步骤6 进入素材选择界面，❶ 点击选择需要导入的素材，确认无误后，❷ 点击“下一步”按钮，如图 9-38 所示。注意：此处为了拼合出视频开头的完整切割画面，应在前 4 段素材位置导入相同的素材。

步骤7 界面跳转后，可以看到导入的素材已经生成了“电影感”效果。若不需要进行其他调整，则直接点击右上角的“导出”按钮导出视频即可，如图 9-39 所示。

▲ 图9-38 导入素材

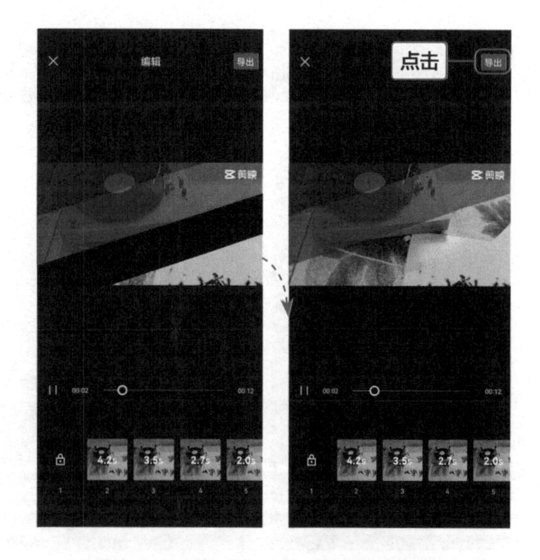

▲ 图9-39 预览效果并导出视频

9.1.9 制作画中画抠图视频

画中画视频对于资深短视频用户而言，早已不再新鲜了，但能“抠图”的画中画视频却不多见。利用剪映的“画中画”模板，可以为人像进行“抠图”，并将其融入任何需要的背景中，其具体的操作步骤如下。

步骤1 打开剪映，登录个人账号。

步骤2 在主界面中，点击底部菜单栏中的“剪同款”按钮。

步骤3 ❶ 点击顶部的搜索框，❷ 输入“画中画”，❸ 点击“搜索”按钮，如图 9-40 所示。

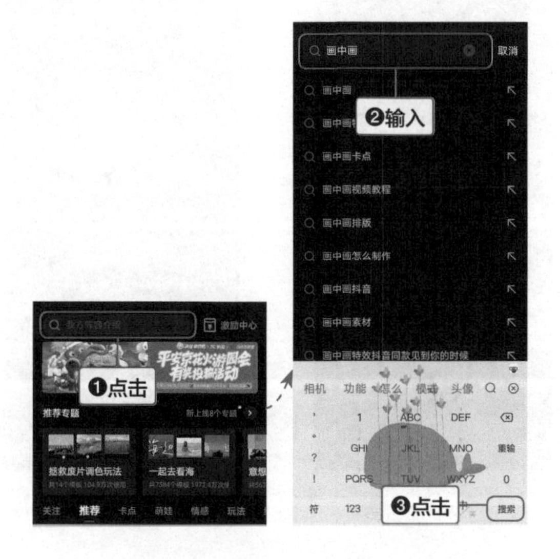

▲ 图9-40 搜索“画中画”模板

步骤4 进入模板选择界面后，点击选择"「高级画中画玩法」"模板，如图 9-41 所示。

步骤5 进入模板后，能看到该模板的效果展示。点击"剪同款"按钮，如图 9-42 所示。

▲ 图9-41 选择模板

▲ 图9-42 预览模板效果并点击"剪同款"按钮

步骤6 进入素材选择界面，❶ 点击选择需要导入的素材，确认无误后，❷ 点击"下一步"按钮，如图 9-43 所示。此处导入 3 张照片素材，第一张与第三张相同，为背景照片，第二张要求选择人像照片。

步骤7 界面跳转后，可以看到导入的素材已经生成了画中画效果，背景与人像完全融合。若不需要进行其他调整，则直接点击右上角的"导出"按钮导出视频即可，如图 9-44 所示。

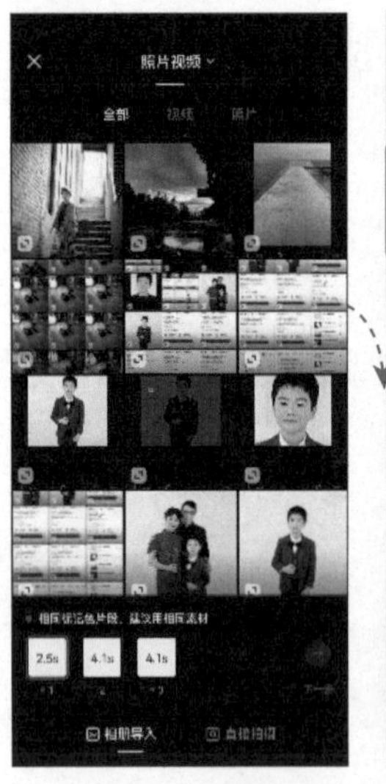

▲ 图9-43 导入素材

▲ 图9-44 预览最终效果并导出视频

9.1.10 制作希区柯克式3D动态照片

如今，视频剪辑软件的功能越发强大，各种令人意想不到的特效层出不穷，甚至能赋予静态照片以动态效果。例如，在剪映中，一张静态照片，只要进行几步简单的操作，就能制作成希区柯克式 3D 动态照片，具体的操作步骤如下。

步骤1 打开剪映，登录个人账号。

步骤2 在主界面中，点击底部菜单栏中的“剪同款”按钮。

步骤3 ❶ 点击顶部搜索框，❷ 输入“希区柯克玩法”，❸ 点击“搜索”按钮，如图 9-45 所示。

▲ 图9-45 搜索“希区柯克玩法”模板

步骤4 进入模板选择界面，点击选择“希区柯克玩法”模板，如图 9-46 所示。

步骤5 进入模板后，能看到该模板的效果展示。点击“剪同款”按钮，如图 9-47 所示。

▲ 图9-46 选择模板

▲ 图9-47 预览模板效果并点击“剪同款”按钮

步骤6 进入素材选择界面，❶点击需要导入的素材，确认无误后，❷点击“下一步”按钮，如图 9-48 所示。此处是导入两张相同的照片素材。

步骤7 界面跳转后，可以看到导入的素材已经生成了 3D 效果，图中的男孩与背景动了起来。若不需要进行其他调整，则直接点击右上角的“导出”按钮导出视频即可，如图 9-49 所示。

▲ 图9-48 导入素材

▲ 图9-49 预览最终效果并导出视频

9.1.11 制作三格视频

短视频发展至今，大部分曾红极一时的视频模板都已经成为过去式，但三格视频却不同，它以自己独特的魅力一直流行且经久不衰。用剪映剪辑三格视频的具体操作方法如下。

步骤1 打开剪映，登录个人账号。

步骤2 在主界面中，点击底部菜单栏中的“剪同款”按钮。

步骤3 ❶点击顶部的搜索框，❷输入“美好生活碎片”，❸点击“搜索”按钮，如图 9-50 所示。

▲ 图9-50 搜索“美好生活碎片”模板

步骤4 进入模板选择界面，点击选择“进记录美好生活碎片”模板，如图 9-51 所示。

步骤5 进入模板后，能看到该模板的效果展示。点击“剪同款”按钮，如图 9-52 所示。

步骤6 进入素材选择界面，❶ 点击选择需要导入的素材，确认无误后，❷ 点击“下一步”按钮，如图 9-53 所示。此处导入 6 段视频素材。

步骤7 界面跳转后，可以看到导入的素材已经生成了三格视频效果。若不需要进行其他调整，则直接点击右上角的“导出”按钮导出视频即可，如图 9-54 所示。

▲ 图9-51　选择模板

▲ 图9-52　预览模板效果并点击“剪同款”按钮

▲ 图9-53　导入素材

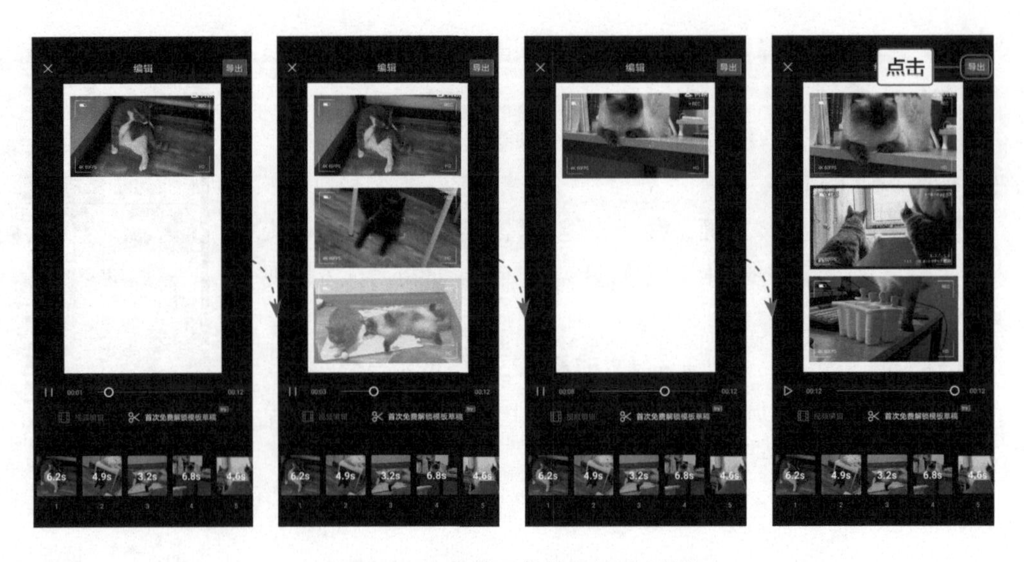

▲ 图9-54　预览最终效果并导出视频

9.1.12　制作专属视频片头

许多短视频播主都有自己的专属视频片头，尤其是 Vlog 播主。一段令人印象深刻的视频片头，能帮助播主培养用户观看习惯，增强用户对账号的黏性。在剪映中一键生成 Vlog 片头的操作方法如下。

步骤1 打开剪映，登录个人账号。

步骤2 在主界面中，点击底部菜单栏中的"剪同款"按钮。

步骤3 ❶ 在分类中找到并点击"Vlog"分类，❷ 点击"VLOG 开头素材"模板，如图 9-55 所示。

▲ 图9-55　选择模板

步骤4 进入“VLOG 开头素材”模板后，能看到该模板的效果展示。点击“剪同款”按钮，如图 9-56 所示。

步骤5 进入素材选择界面。❶ 点击选择需要导入的素材，确认无误后，❷ 点击“下一步”按钮，如图 9-57 所示。

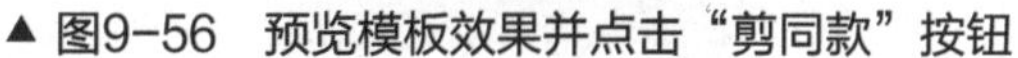
▲ 图9-56　预览模板效果并点击“剪同款”按钮　　▲ 图9-57　导入素材

步骤6 界面跳转后，可以看到素材已经与特效结合完毕。这时，如果对素材效果不满意，可以点击下方的“点击编辑”按钮，重新拍摄或替换视频素材，也可以对视频素材进行裁剪或调节音量操作，如图 9-58 所示。

▲ 图9-58　预览与编辑视频素材

步骤7 ❶ 点击“文本编辑”按钮，❷ 点击下方的 Vlog 图标，❸ 点击“点击编辑”按钮，如图 9-59 所示。

步骤8 ❶ 输入理想的 Vlog 开头文字，❷ 输入完成后，点击右边的“完成”按钮，如图 9-60 所示。

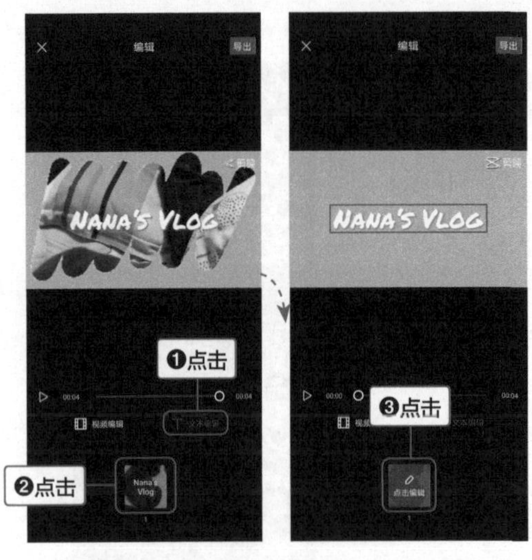

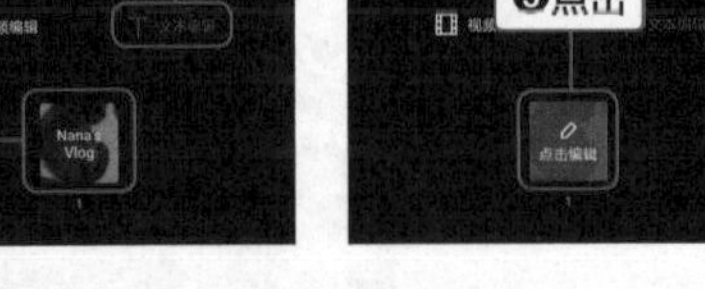

▲ 图9-59 编辑Vlog开头文字

▲ 图9-60 输入Vlog开头文字

步骤9 ❶ 点击“播放”按钮▷，预览视频最终效果，❷ 确认视频效果无误后，点击“导出”按钮导出视频，如图 9-61 所示。

▲ 图9-61 预览最终效果并导出视频

9.1.13 制作快闪短视频

短视频的超强感染力，不仅限于视频内容的呈现，图片与文字也能展现不俗的效果。快闪短视频就是一个典型的例子。快闪短视频是指用带有节奏的配乐，卡点呈现数张不同图片的短视频，常用于同类型的多张照片展示，如旅游照片、美食照片等。用剪映剪辑快闪短视频的具体操作步骤如下。

步骤1 打开剪映，登录个人账号。

步骤2 在主界面中，点击底部菜单栏中的“剪同款”按钮。

步骤3 ❶ 点击顶部的搜索框，❷ 输入“快闪”，❸ 点击“搜索”按钮，如图 9-62 所示。

▲ 图9-62 搜索“快闪”模板

步骤4 进入模板选择界面，点击选择“英文快闪卡点模板”，如图 9-63 所示。

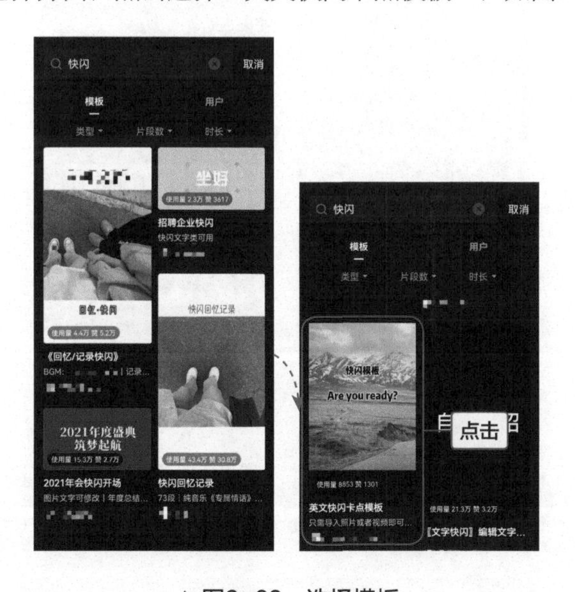

▲ 图9-63 选择模板

步骤5 进入模板后，能看到该模板的效果展示。点击“剪同款”按钮，如图 9-64 所示。

▲ 图9-64　预览模板效果并点击“剪同款”按钮

步骤6 进入素材选择界面，❶ 点击选择需要导入的素材，确认无误后，❷ 点击“下一步”按钮，如图 9-65 所示。此处导入 23 段视频素材。

▲ 图9-65　导入素材

步骤7 界面跳转后，可以看到导入的素材已经生成了快闪卡点视频效果。若不需要进行其他调整，则直接点击右上角的“导出”按钮导出视频即可，如图 9-66 所示。

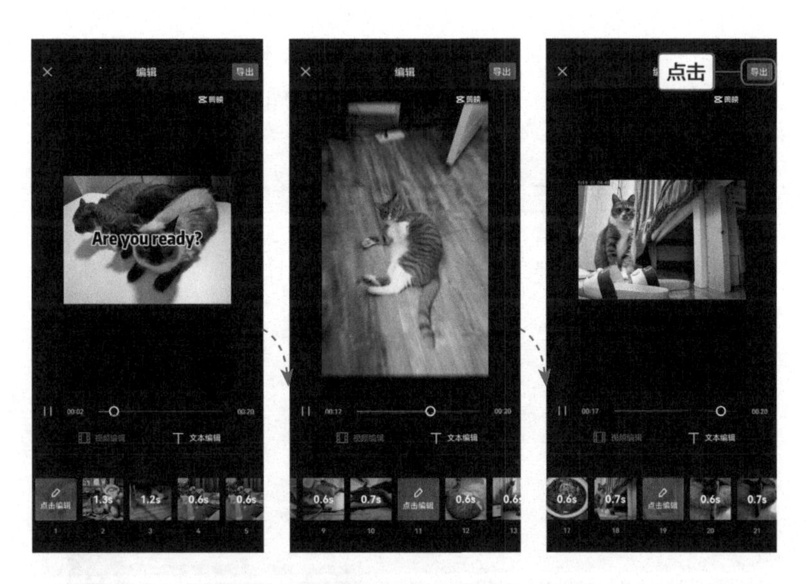

▲ 图9-66 预览最终效果并导出视频

9.2 专业的剪辑工具：Premiere

Premiere 是一款功能全面的视频剪辑软件，适用于电影、电视和 Web 的视频编辑。Premiere 具有超高的兼容性，能处理与导出多种格式的素材，实现视频、音频加工等多项功能。

9.2.1 新建项目并导入素材

在 Premiere 中进行任何操作的前提，都是新建一个项目，这是素材编辑的第一步。在 Premiere 中新建项目并导入素材的具体操作步骤如下。

步骤1 新建项目。打开 Premiere，在自动弹出的对话框中，单击“新建项目”按钮，如图 9-67 所示。

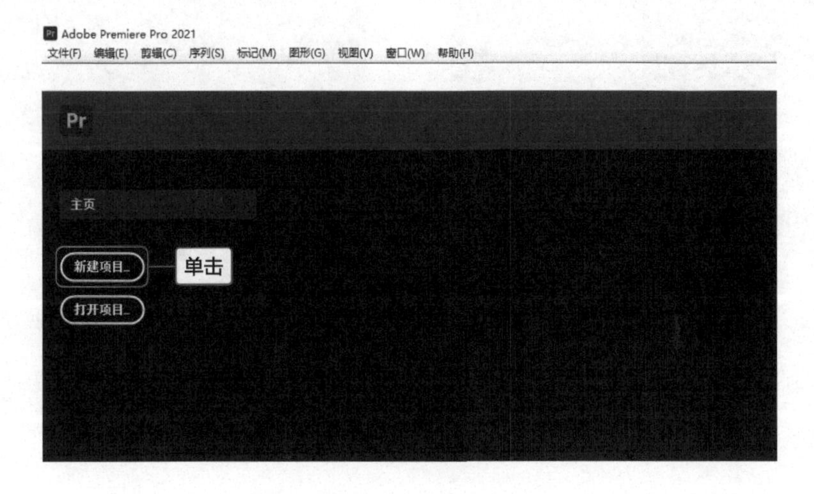

▲ 图9-67 新建项目

步骤2 通过菜单栏新建项目。如果上一步中的对话框未能自动弹出，可在菜单栏中❶单击“文件”，❷选择“新建”选项，❸在其子菜单中选择“项目”选项，如图 9-68 所示。

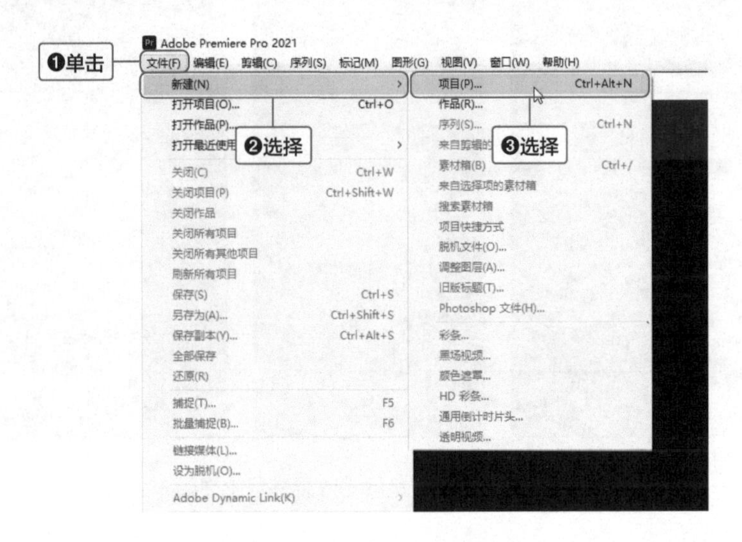

▲ 图9-68　通过菜单栏新建项目

步骤3 输入项目名称，设置存放位置。在弹出的“新建项目”对话框中，❶输入项目的名称，❷单击“浏览”按钮，修改项目存放的位置，如图 9-69 所示。

步骤4 设置常规参数。❶选择“常规”选项卡，❷勾选“针对所有实例显示项目项的名称和标签颜色”复选框，如图 9-70 所示。

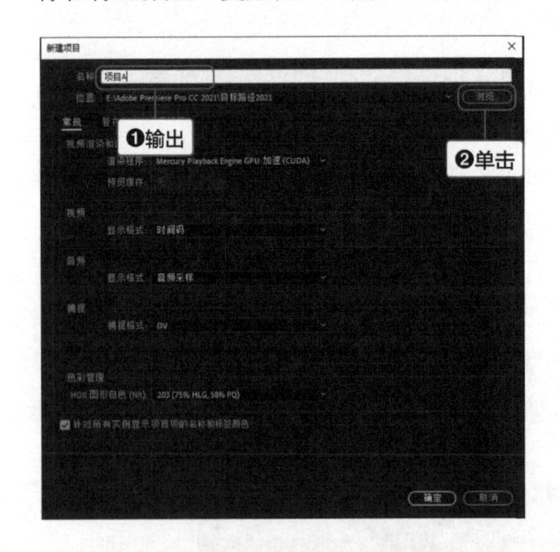

▲ 图9-69　输入项目名称并设置存放位置

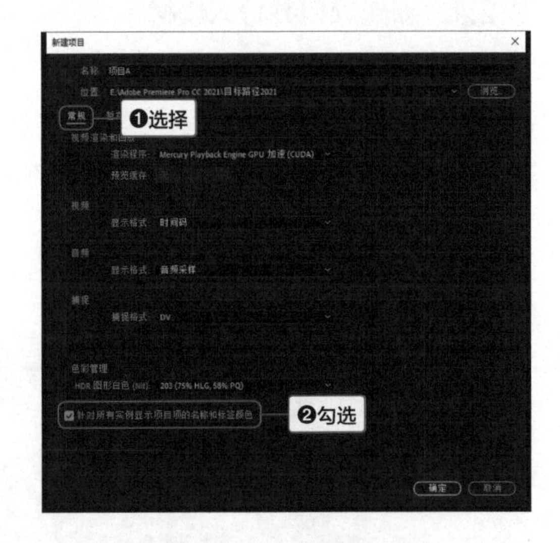

▲ 图9-70　设置常规参数

步骤5 设置暂存盘参数。❶选择“暂存盘”选项卡，❷设置各项素材及预览文件的保存位置，如图 9-71 所示。

步骤6 设置收录设置参数。❶ 选择“收录设置”选项卡，❷ 对其中的各项目进行设置，❸ 单击“确定”按钮，如图 9-72 所示。

▲ 图9-71 设置暂存盘参数

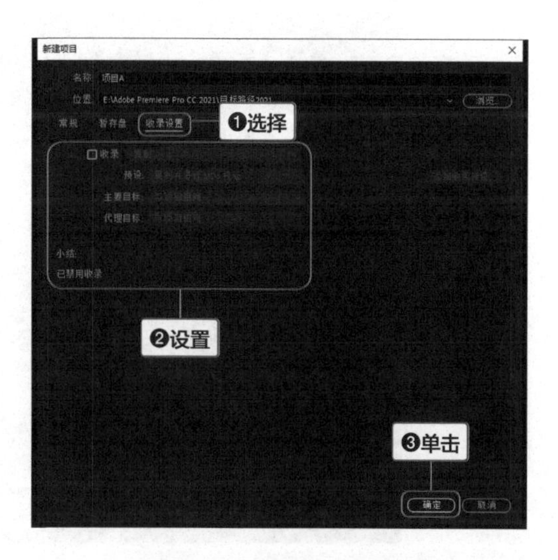

▲ 图9-72 设置收录设置参数

新建项目完成的界面如图 9-73 所示。

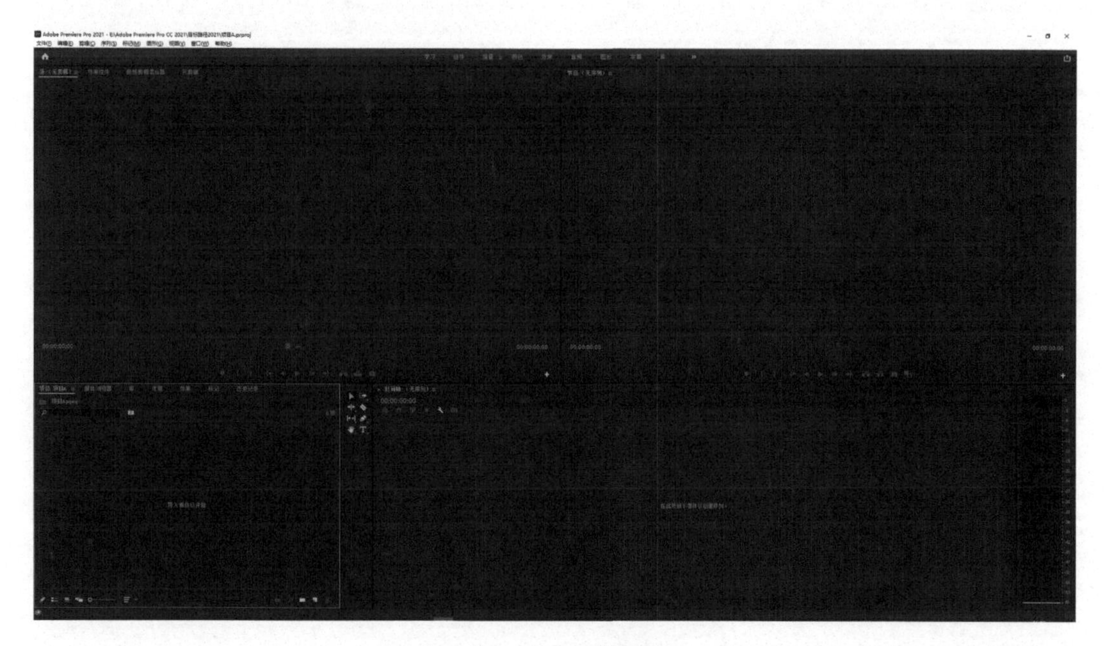

▲ 图9-73 新建项目完成

新建项目完成后，下一步就是导入需要编辑的素材，其具体的操作步骤如下。

步骤1 在项目面板中 ❶ 双击，或者选中项目面板并单击鼠标右键，❷ 在弹出的菜单中选择“导入”选项，如图 9-74 所示。

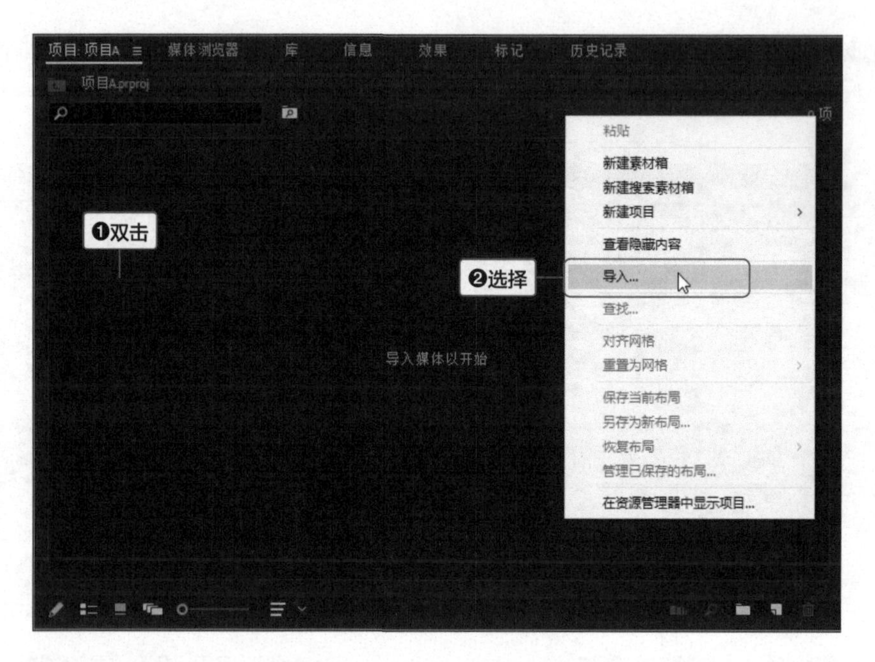

▲ 图9-74　选择“导入”选项

步骤2 在弹出的“导入”对话框中，❶选中需要剪辑的素材，❷单击“打开”按钮，如图 9-75 所示。

▲ 图9-75　导入素材

素材导入成功的界面如图 9-76 所示。

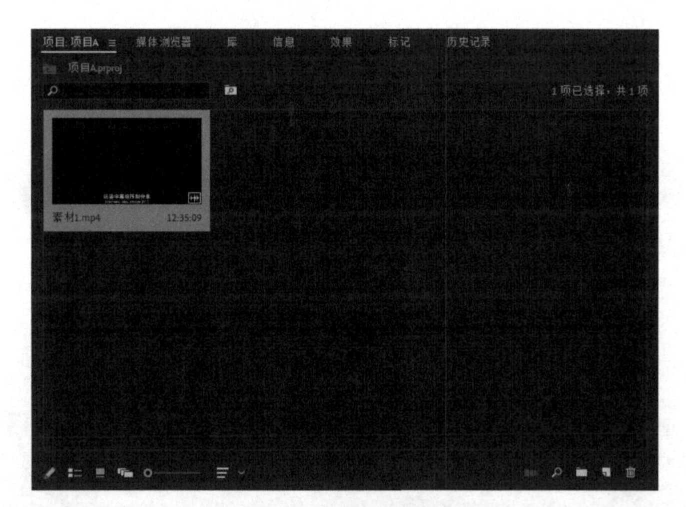

▲ 图9-76　素材导入成功

9.2.2　素材的剪切与拼接

在大部分情况下，剪辑人员会对原始视频素材进行剪切与拼接，而不是将素材全部呈现在观众面前。在 Premiere 中对素材进行剪切与拼接的操作步骤如下。

1. 新建项目序列

步骤1 打开 Premiere，新建项目，导入“海湾”和“云”两段视频素材。此处用“海湾”素材作为剪切素材，用“云”素材作为拼接素材。

步骤2 新建项目序列。将“海湾”素材拖动到项目面板右下角的“新建项”按钮上，新建项目序列，如图 9-77 所示。

▲ 图9-77　新建项目序列

2. 剪切素材

步骤1 选中需要保留部分的开头。❶ 缓慢拖动蓝色的时间标尺滑块，浏览视频画面，将该标尺滑块放置在需要剪切部分的开头处，❷单击“标记入点”按钮，标记需剪切部分的开头，如图 9-78 所示。

▲ 图9-78 标记需要剪切部分的开头

步骤2 选中需要保留部分的结尾。❶继续拖动蓝色的时间标尺滑块，将该标尺滑块放置在需要剪切部分的结尾处，❷单击“标记出点”按钮，如图 9-79 所示。

▲ 图9-79 标记需要剪切部分的结尾

步骤3 对视频进行剪切。标记完成后就可以对视频进行剪切了，❶ 选择“剃刀工具”，在视频的开头 ❷ 与结尾 ❸ 处分别单击，完成剪切操作，如图 9-80 所示。

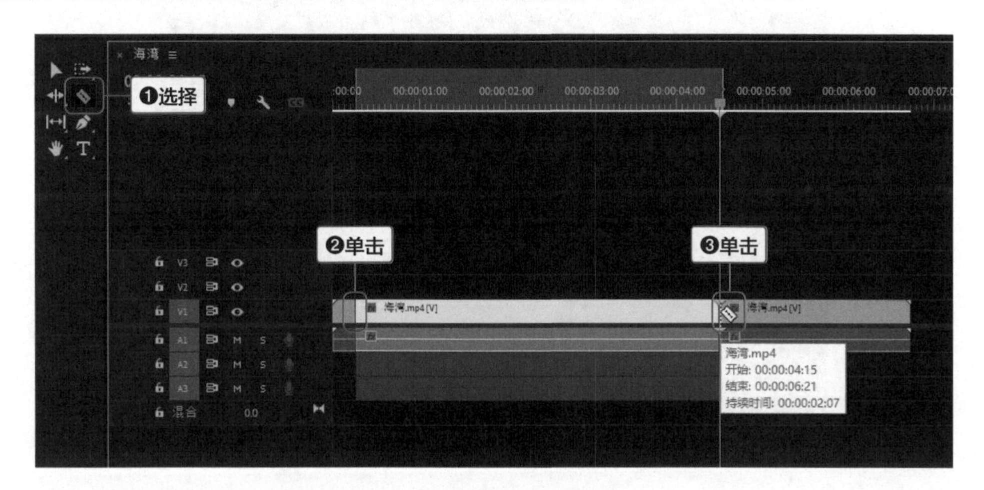

▲ 图9-80 剪切视频

步骤4 删除不需要的视频片段。❶ 选择“选择工具”，❷ 选择需要删除的视频片段，按“Delete”键即可删除。若有两段需要删除的视频片段，则对其分别进行选择与删除操作 ❸，如图 9-81 所示。

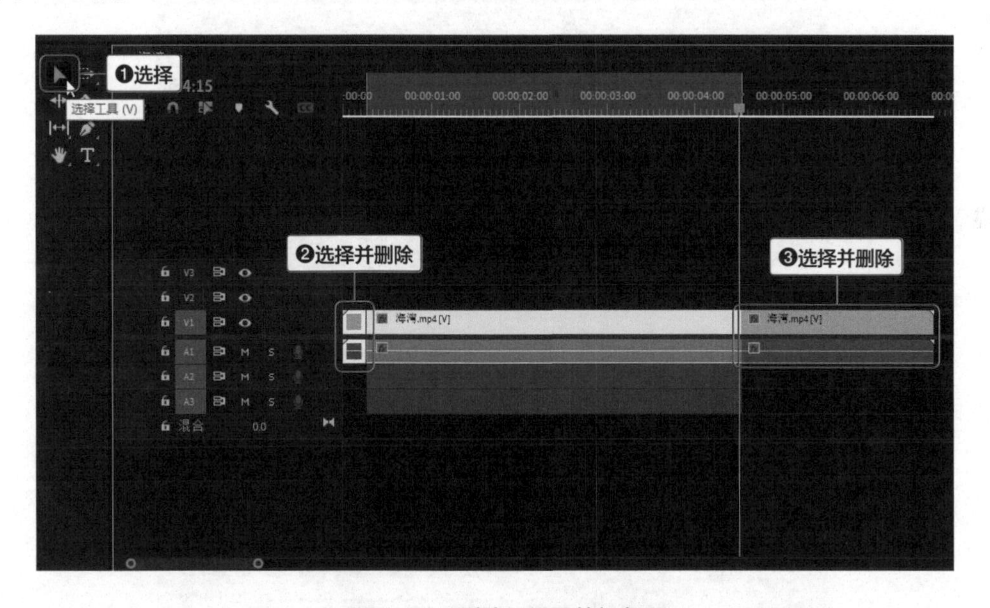

▲ 图9-81 删除不需要的视频段

至此，剪切素材操作完成，效果如图 9-82 所示。

步骤5 调整视频位置。将时间轨道上的“海湾”视频拖动到轨道开头，如图 9-83 所示。完成后的效果如图 9-84 所示。

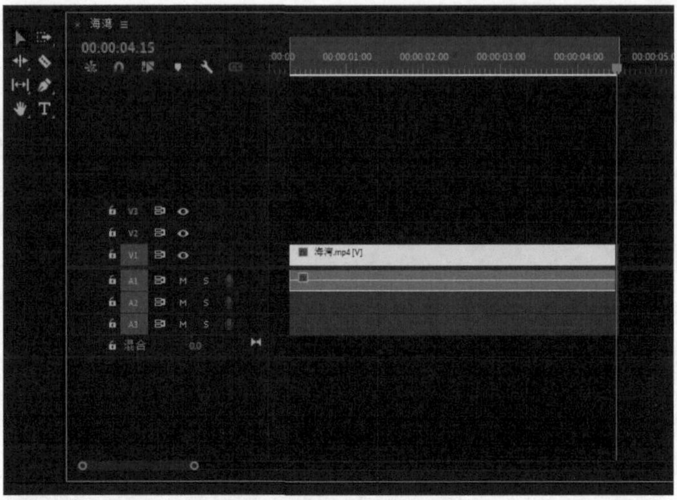

▲ 图9-82　剪切素材完成

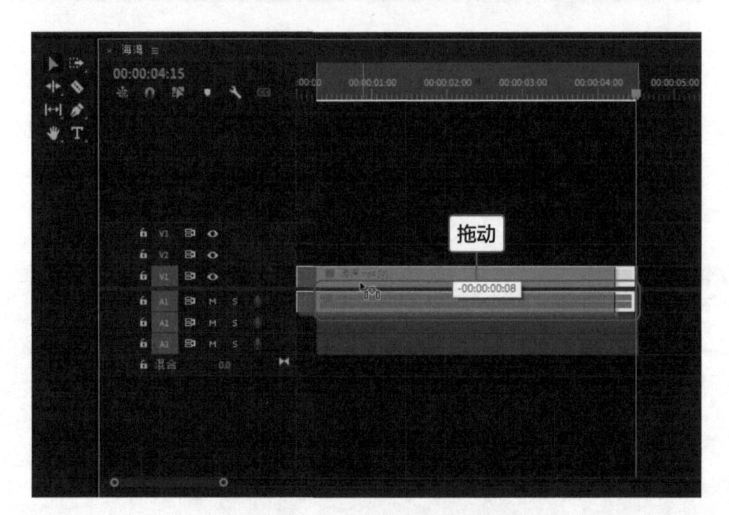

▲ 图9-83　拖动视频段落到开头

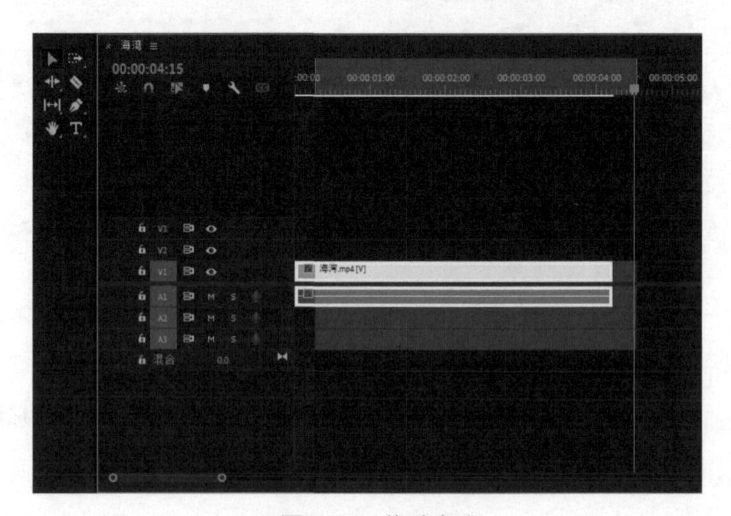

▲ 图9-84　拖动完成

3. 拼接素材

用同样的方法将"云"素材拖动到时间轨道上，剪切删除不需要的视频片段，然后将其拖动到"海湾"素材的后方，完成后的效果如图 9-85 所示。

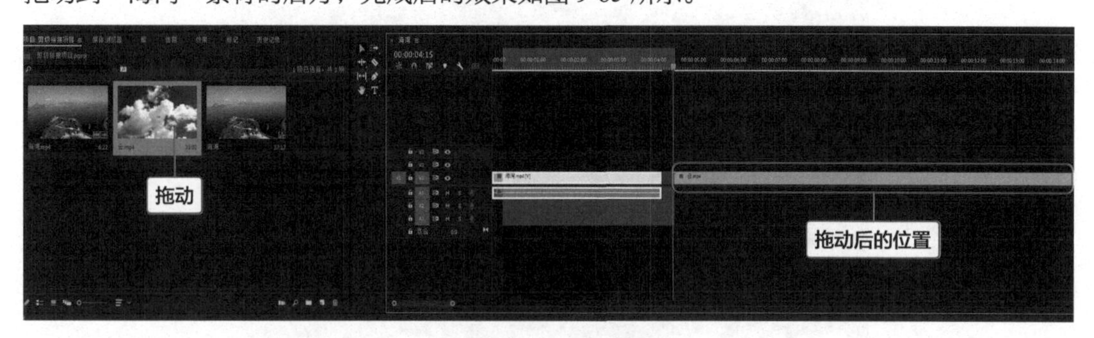

▲ 图9-85 拼接素材

9.2.3 为视频片段添加转场效果

转场是衔接前后视频片段的方式。其目的是让上一个视频片段在视觉上能更加自然、流畅地过渡到下一个视频片段，或丰富视频画面，给观众更好的观赏体验。前后两段视频片段间，不同的转场效果会给观众不同的观赏体验。例如，使用 Premiere 制作的"推"转场，其表达效果如图 9-86 所示。

（a）转场前

（b）转场中

（c）转场后

▲ 图9-86 "推"转场效果

为视频片段添加转场效果的方法如下。

步骤1 导入素材。打开 Premiere，新建项目，导入两段视频素材，如"枫叶"素材和"云"素材。也可以将一段素材剪切为两部分后再进行操作。

步骤2 新建项目序列。将"枫叶"素材拖动到项目面板右下角的"新建项"按钮上，新建项目序列，如图 9-87 所示。

▲ 图9-87　新建项目序列

步骤3 添加素材。将“云”素材直接拖动至时间轨道上“枫叶”素材的后面，如图9-88所示。

▲ 图9-88　添加素材

步骤4 选择转场效果。在项目面板中，❶ 单击进入“效果”选项卡，❷ 单击“视频过渡”下拉按钮，❸ 单击“内滑”下拉按钮，如图9-89所示。

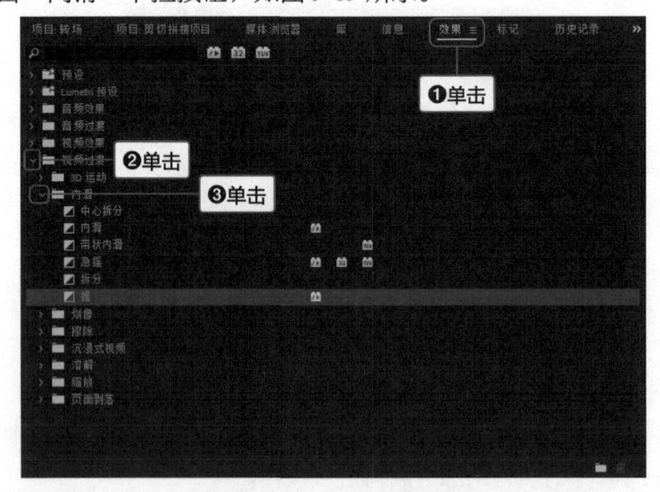

▲ 图9-89　选择转场特效

步骤5 添加转场特效。将“推”效果拖动至时间轨道上两段素材间的合适位置，如图9-90所示。

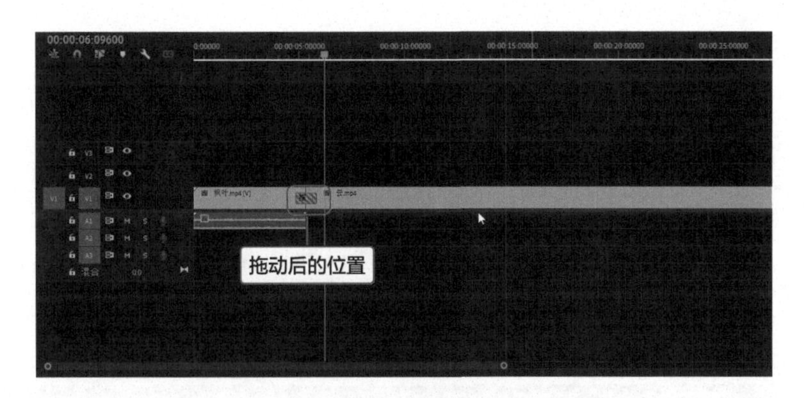

▲ 图9-90 添加转场特效

步骤6 播放视频进行效果预览。单击“播放”按钮进行效果预览，可以看到添加“推”转场效果后的画面效果，如图 9-91 所示。

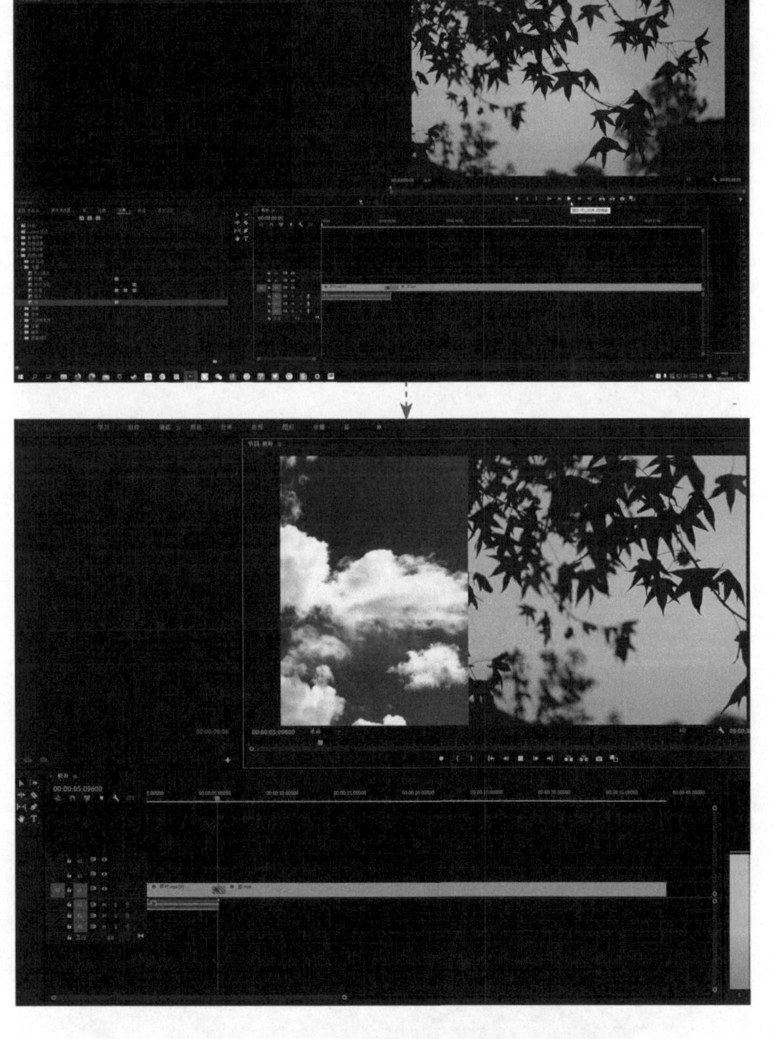

▲ 图9-91 添加“推”转场效果后的画面效果

9.2.4 添加音乐、音效与配音

为了增强视频的感染力，剪辑人员需要为视频添加背景音乐，或者在特定位置上添加不同的音效与配音。这在 Premiere 中操作十分便捷。

1. 添加背景音乐

步骤1 导入素材。打开 Premiere，新建项目，导入视频素材与背景音乐的音频素材。

步骤2 新建项目序列。将“枫叶”素材拖动到项目面板右下角的“新建项”按钮上，新建项目序列，如图 9-92 所示。

▲ 图9-92 新建项目序列

步骤3 取消视频素材原声链接。❶ 右键单击时间轨道上的视频素材，❷ 在弹出的快捷菜单中选择“取消链接”选项，如图 9-93 所示。

▲ 图9-93 选择“取消链接”选项

步骤4 清除视频原声。❶ 右键单击时间轨道中的音频，即视频原声，❷ 在弹出的快捷菜单中选择“清除”选项，如图 9-94 所示。

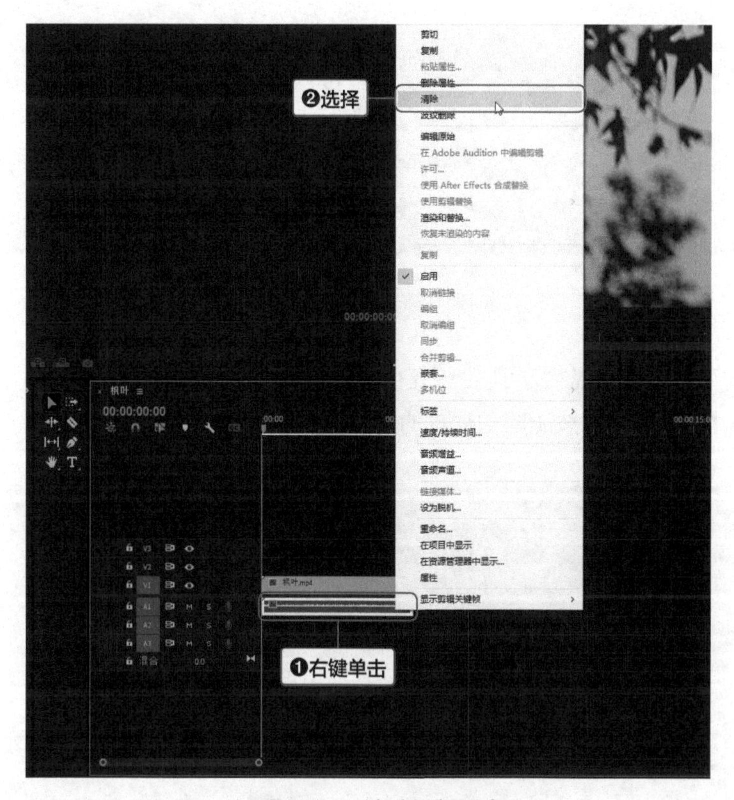

▲ 图9-94　清除视频原声

删除原声后可以看到时间轨道上视频素材的原声已经消失了，如图 9-95 所示。

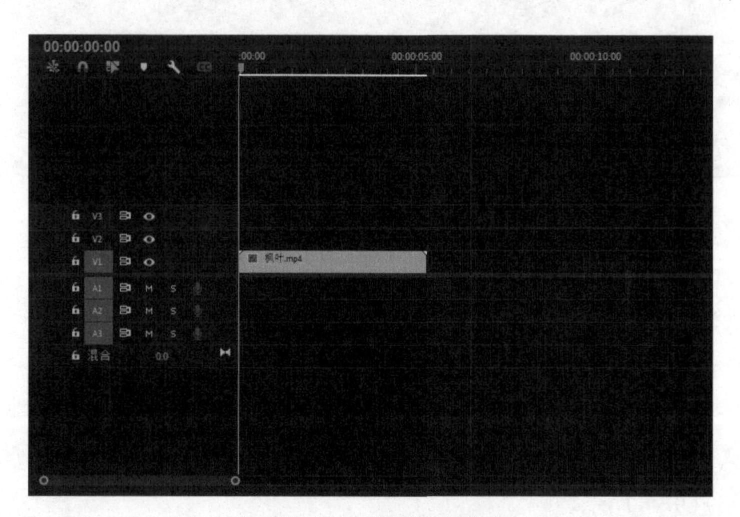

▲ 图9-95　删除原声成功

步骤5 添加音频素材。将音频素材（导入的背景音乐）拖动至原视频素材的原声所在的时间轨道上，如图 9-96 所示。

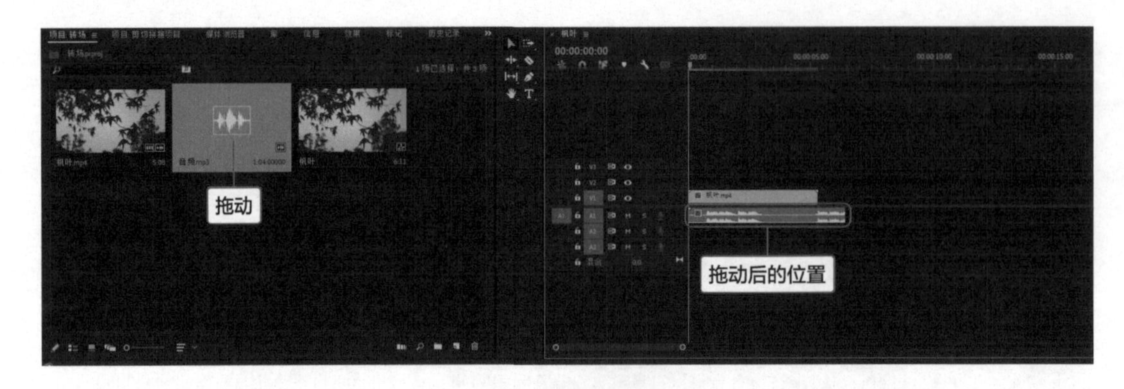

▲ 图9-96　添加音频素材

步骤6 预览效果。播放视频，可以听到音频素材已经成为导入的背景音乐，如图 9-97 所示。如果背景音乐时长过长，可按照剪切视频的方式，对音频进行剪切。

▲ 图9-97　预览效果

2. 添加音效

添加音效、配音的方法与添加背景音乐的方法大同小异，只需要在时间线上进行一些细微的调整即可，其具体的操作方法如下。

步骤1 导入音效素材。在上述操作的基础上，导入音效素材，并将音效素材直接拖动至音频轨道 2，如图 9-98 所示。

步骤2 调整音效的位置。音效往往出现在视频的某一特定位置，而非一开始就出现。因此，在音频轨道 2 上选中音效素材，并将其拖动到合适的位置，如图 9-99 所示。

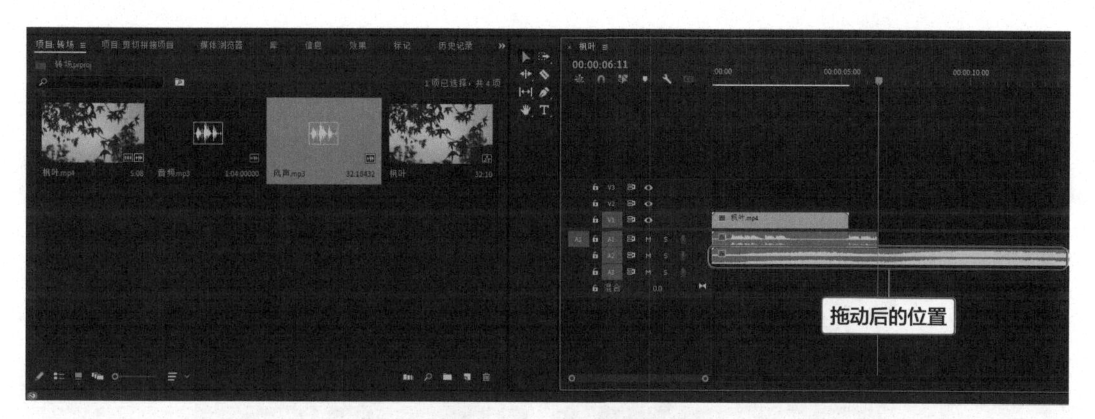

▲ 图9-98 导入音效素材

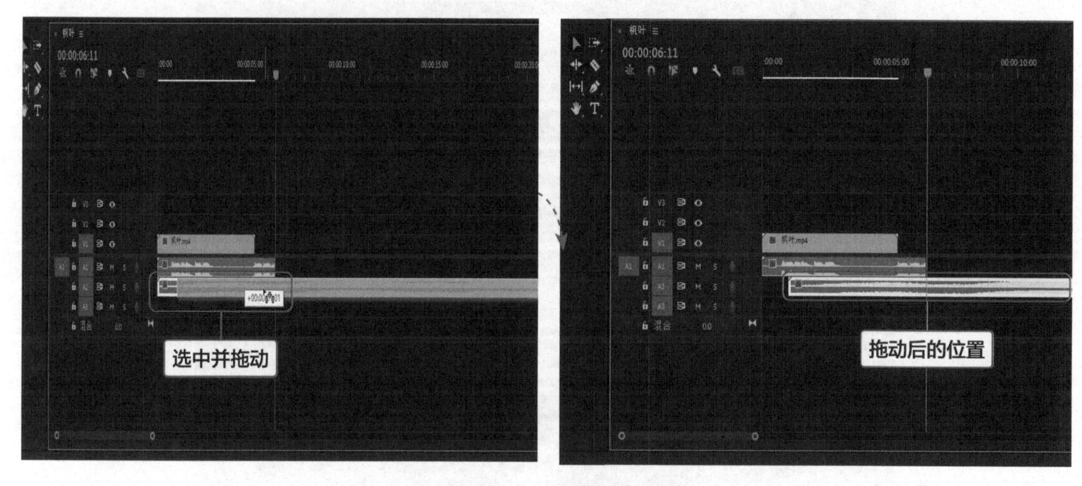

▲ 图9-99 调整音效位置

步骤3 调节音效时长。将鼠标指针放置在音效素材的开头位置，鼠标指针会变为带有向后箭头的红色标记，如图 9-100 所示。

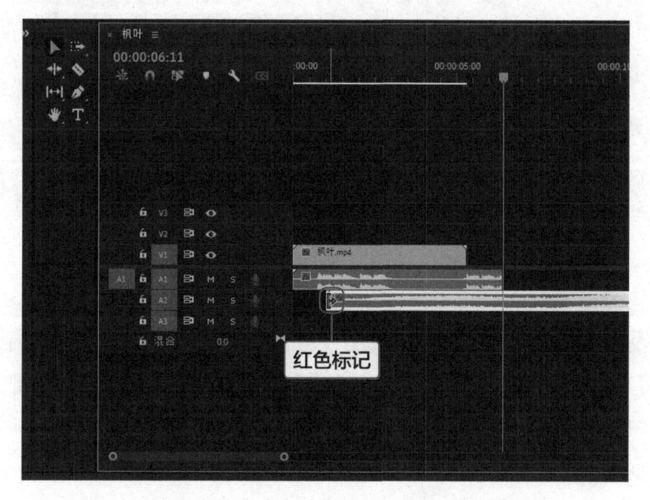

▲ 图9-100 调节音效时长的红色标记

步骤4 正向拖动红色标记。单击并按住鼠标左键不放，从音效素材的头部位置开始向尾部拖动红色标记，则可缩短音效时长，如图 9-101 所示。

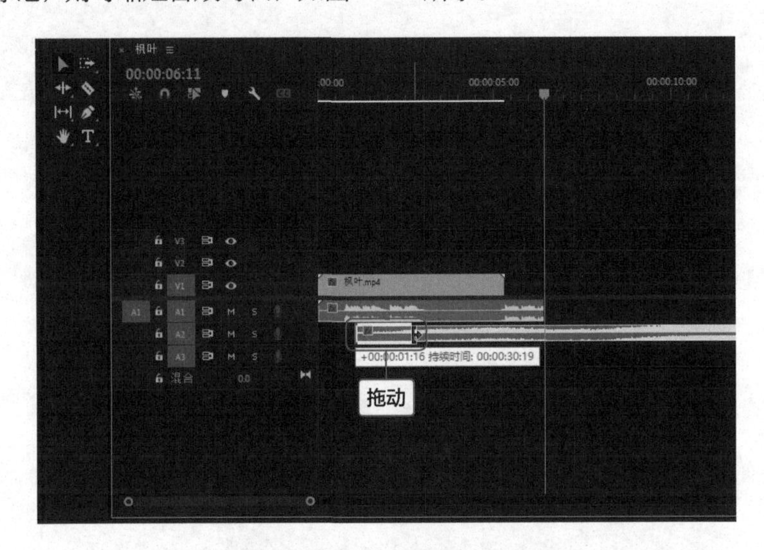

▲ 图9-101　正向拖动红色标记

缩短音效时长后的音效素材如图 9-102 所示。

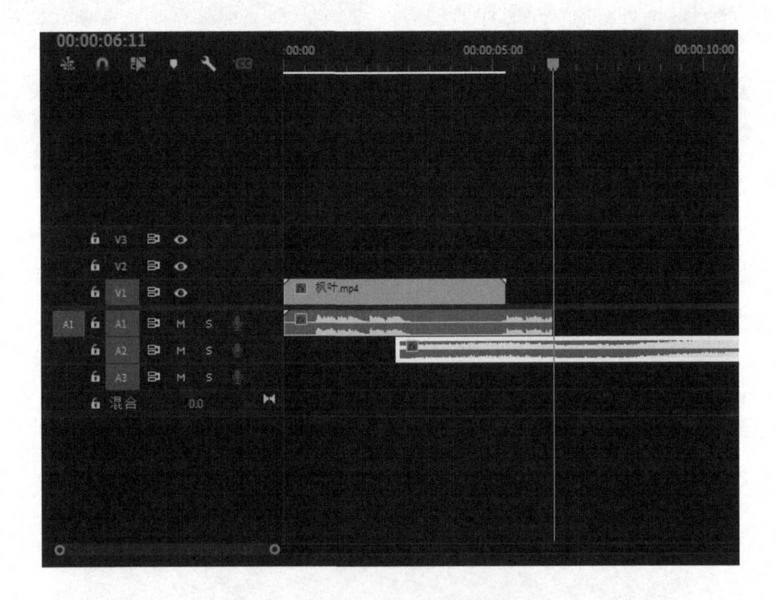

▲ 图9-102　调节后的音效素材

步骤5 反向拖动红色标记。同理，如果需要通过裁剪音效素材后半部分来缩短音效时长，也可以从素材尾部开始进行反向操作。将鼠标指针放置在音效素材的尾部，当鼠标指针变成带有向前箭头的红色标记时，按住鼠标左键不放，向音效素材的前端拖动红色标记，即可缩短音效时长，如图 9-103 所示。

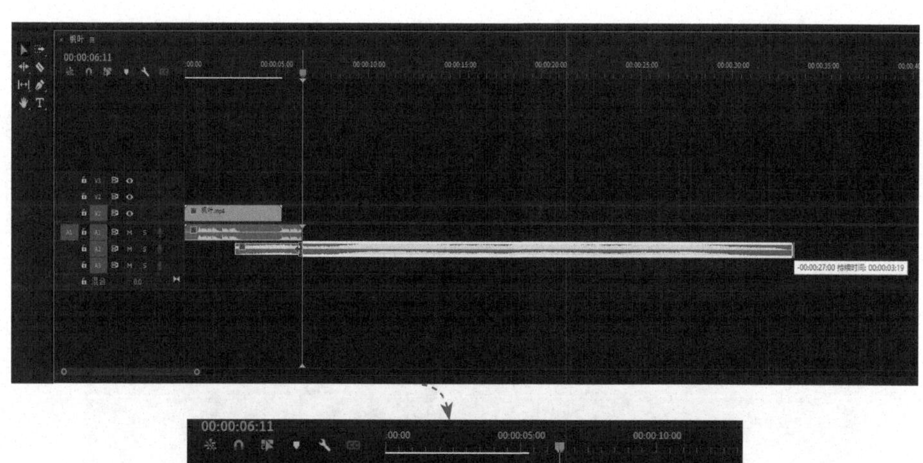
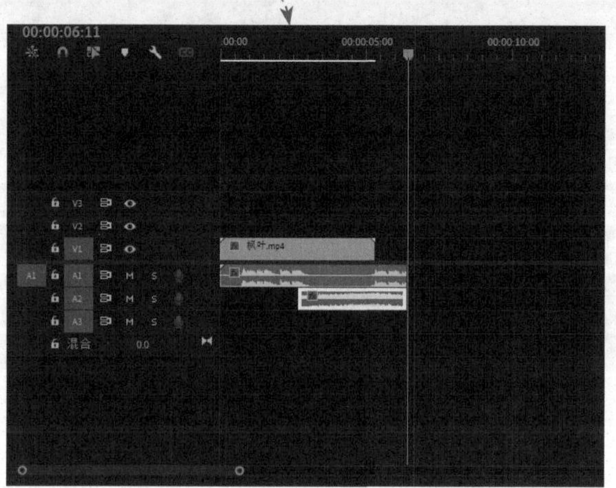

▲ 图9-103　反向拖动红色标记调整音效时长

9.2.5　添加字幕并调整字幕时间线

短视频作为缩小版的电影，字幕是不可或缺的。字幕不仅可以帮助观众更轻松地获取视频信息，而且字幕的效果与位置也是视频风格的体现。运用 Premiere 添加的字幕效果如图 9-104 所示。

▲ 图9-104　添加字幕后的效果

使用 Premiere 添加字幕的具体操作步骤如下。

步骤1 导入素材。打开 Premiere，新建项目，导入需要添加字幕的视频素材。

步骤2 新建项目序列。将视频素材拖动到项目面板右下角的“新建项”按钮上，新建项目序列，如图 9-105 所示。

▲ 图9-105 新建项目序列

步骤3 选择“文字工具”。在序列面板的左侧，❶ 选择“文字工具”，❷ 单击视频素材中需要添加字幕的位置，出现文本框，如图 9-106 所示。

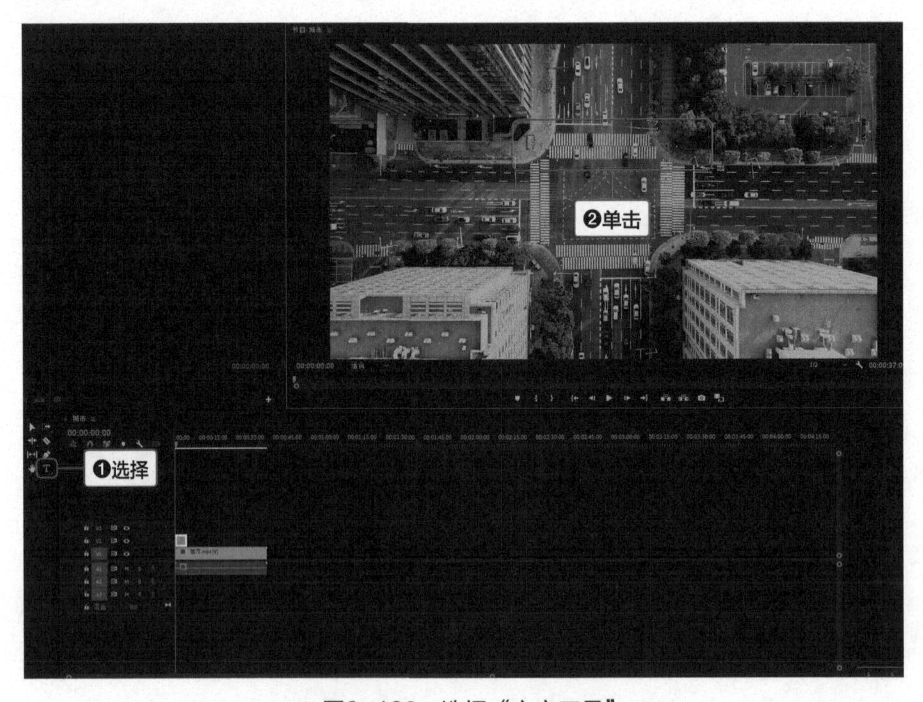

▲ 图9-106 选择“文字工具”

步骤4 输入文字。在文本框中输入文字，效果如图 9-107 所示。

▲ 图9-107　输入文字

步骤5 设置字幕的各项参数。❶ 单击进入左侧面板中的“效果控件”选项卡，❷ 在该选项卡中对字幕的字体、格式、颜色等进行设置，如图 9-108 所示。

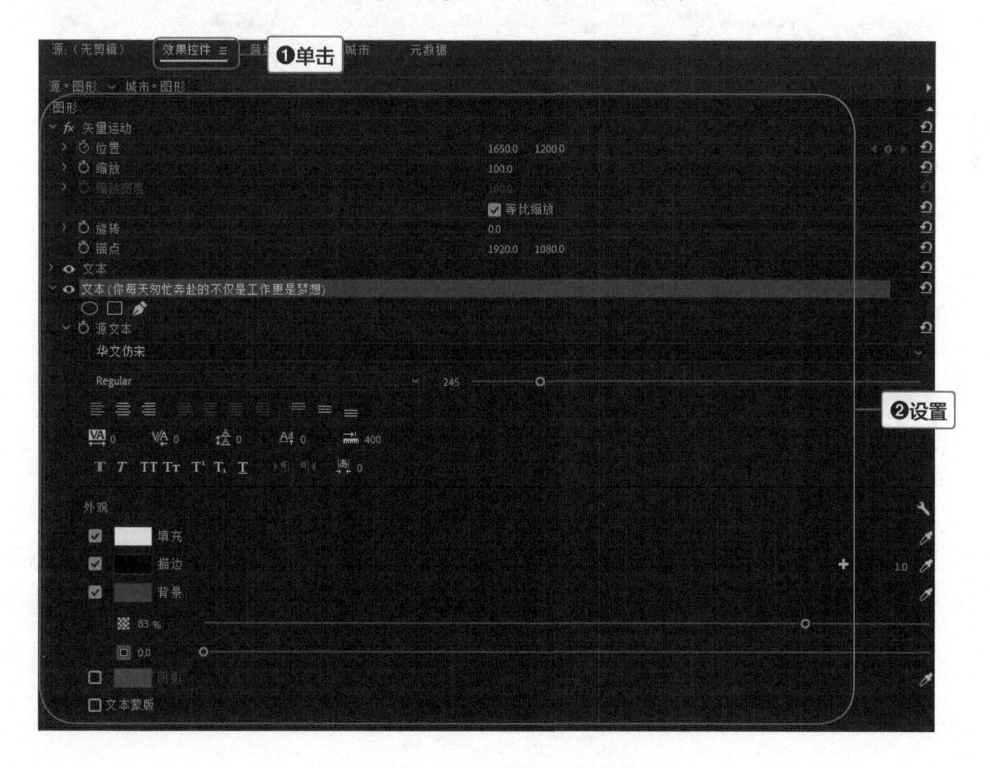

▲ 图9-108　设置字幕参数

步骤6 调整字幕时间线。❶ 选择“选择工具”，❷ 拖动字幕的时间线，将其调整到字幕结束的位置，如图 9-109 所示。

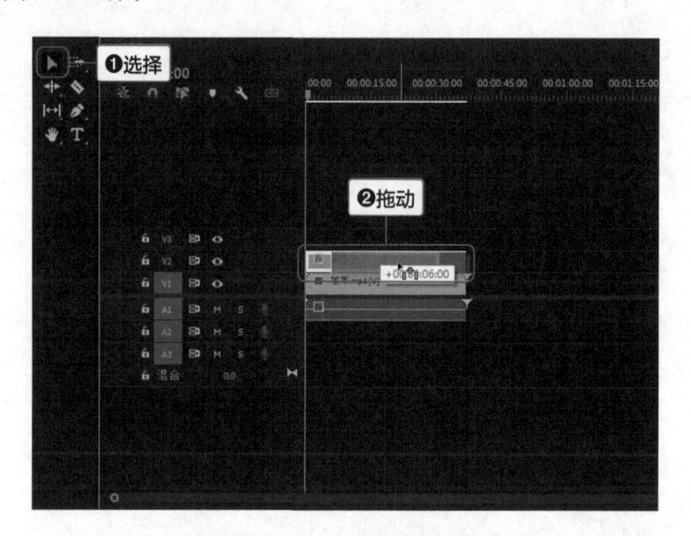

▲ 图9-109　调整字幕时间线

步骤7 预览效果。字幕添加完成后，播放视频进行效果预览，如图 9-110 所示。

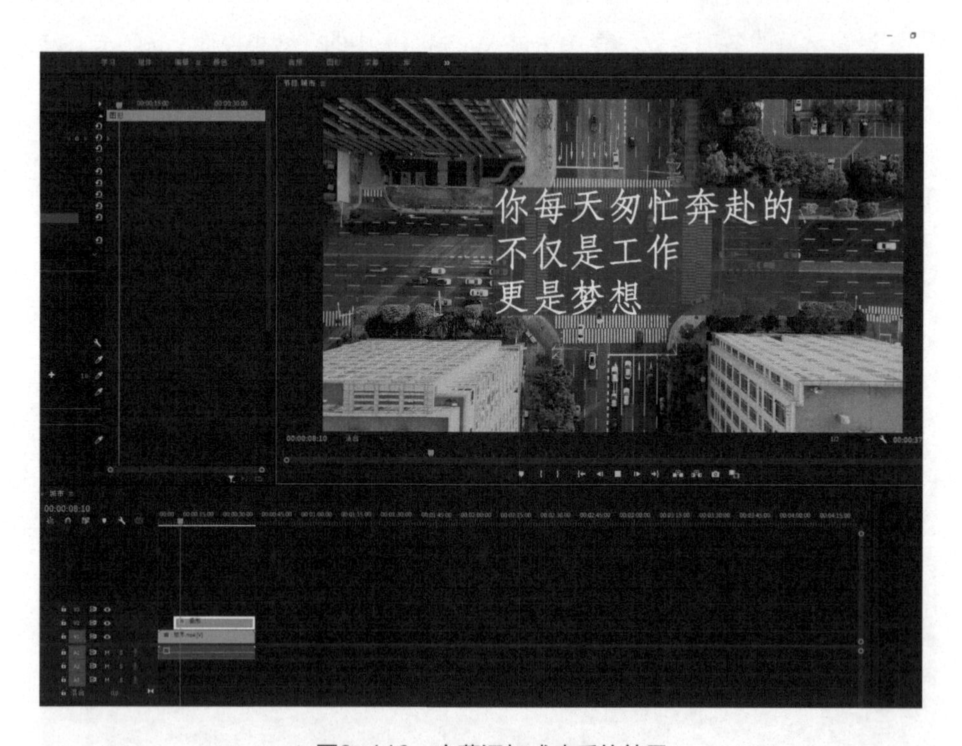

▲ 图9-110　字幕添加成功后的效果

9.2.6　一键绿幕抠图换背景

绿幕抠图往往运用在电影的特效制作中，Premiere 也具有这一功能。使用 Premiere 的“超级键”功能，可以为绿幕视频换上任何理想的背景，这大大拓宽了短视频的表达意象。图 9-111 所示为使用 Premiere 给绿幕视频更换背景的前后效果对比。

▲ 图9-111 绿幕视频更换背景的前后效果对比

使用 Premiere 的“超级键”功能进行绿幕抠图的具体操作步骤如下。

步骤1 导入素材。打开 Premiere，新建项目，导入绿幕视频素材和背景图片素材。

步骤2 新建项目序列。将绿幕视频素材拖动到项目面板右下角的“新建项”按钮上，新建项目序列，如图 9-112 所示。

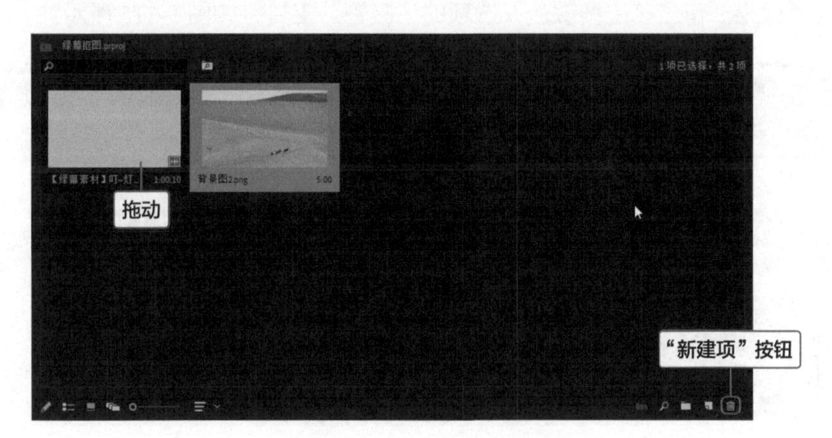

▲ 图9-112 新建项目序列

步骤3 搜索“超级键”。❶ 在项目面板中单击进入“效果”选项卡，❷ 在搜索框中输入“超级键”，如图 9-113 所示。

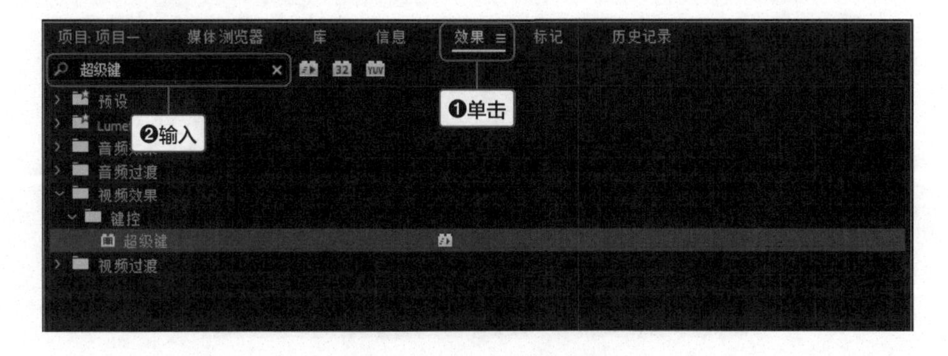

▲ 图9-113 搜索“超级键”

步骤4 拖动“超级键”。将“键控”选项下的“超级键”拖动到视频序列中，如图 9-114 所示。

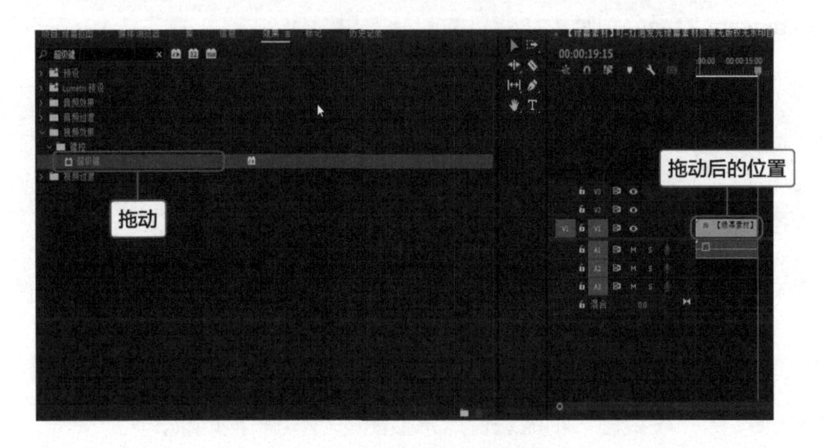

▲ 图9-114　拖动“超级键”

步骤5 选择“吸管工具”。在界面左上方的源面板的“效果控件”选项卡中，可以看到添加了超级键效果。单击“主要颜色”选项的“吸管”工具，如图 9-115 所示。

▲ 图9-115　单击“吸管工具”

步骤6 吸取绿幕颜色。选择“吸管工具”后，将鼠标指针移动到右侧的节目面板中，吸取视频素材中的绿色。吸取后的效果如图 9-116 所示。

▲ 图9-116　吸取绿幕颜色后的效果

步骤7 切换视频素材轨道。将视频素材从轨道 1 拖动至轨道 2，拖动后的效果如图 9-117 所示。

步骤8 更换背景。将背景图片素材拖动至轨道 1，并在时间轨道中将背景图片素材的时长拉至与视频素材的相同，如图 9-118 所示。

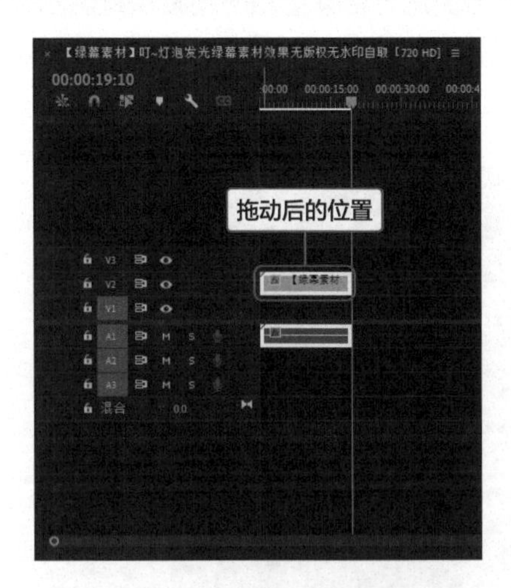

▲ 图9-117　切换视频素材轨道

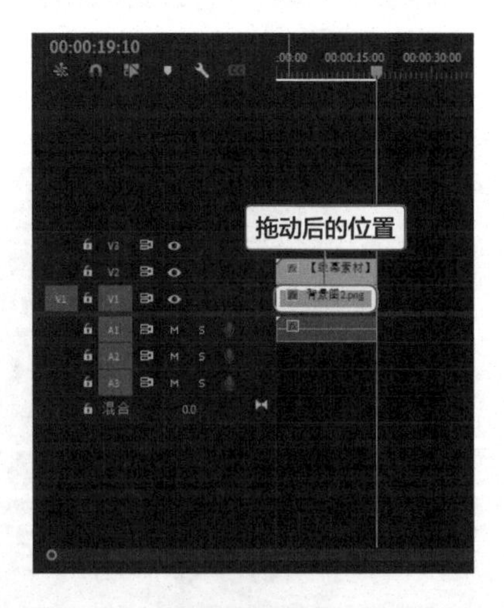

▲ 图9-118　将背景图片素材拖动至轨道1

步骤9 预览效果。背景图片更换完成后，播放视频进行预览，效果如图 9-119 所示。

▲ 图9-119　抠图完成后的效果

名师提点

如果背景图片的大小与视频背景的大小不符，可以通过改变“效果控件”选项卡中的“缩放”数值进行调整。

9.2.7 降低音频的噪声

原始视频素材的录制环境往往嘈杂，存在许多噪声，因此需要进行降噪处理。使用 Premiere 软件进行降噪处理的具体操作步骤如下。

步骤1 导入素材。打开 Premiere，新建项目，导入需要进行音频降噪的视频素材。

步骤2 新建项目序列。将视频素材拖动到项目面板右下角的“新建项”按钮上，新建项目序列，如图 9-120 所示。

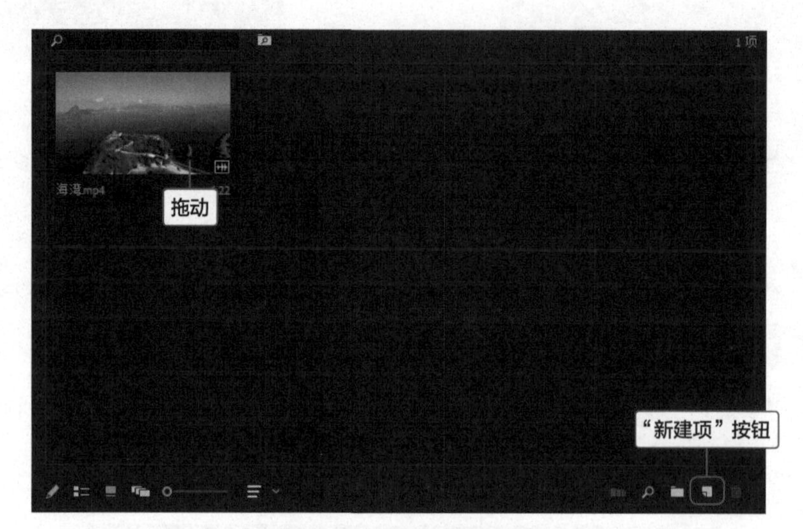

▲ 图9-120 新建项目序列

步骤3 搜索“降噪”。在项目面板中，❶ 单击进入“效果”选项卡，❷ 在搜索框中输入“降噪”，如图 9-121 所示。

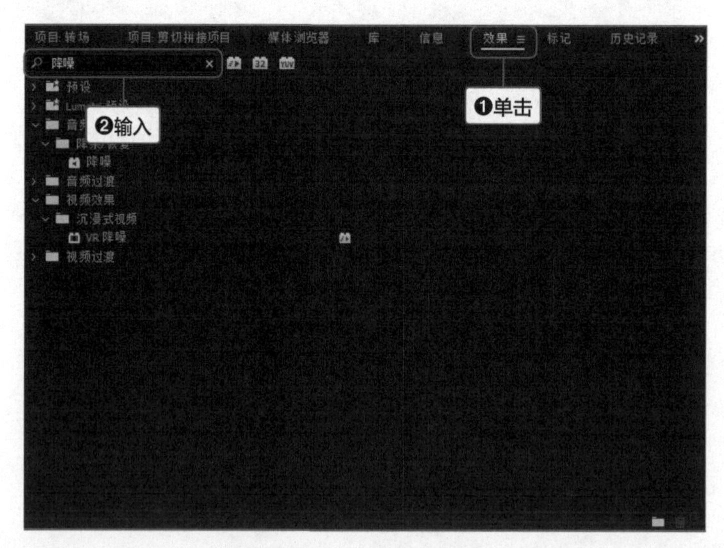

▲ 图9-121 搜索“降噪”

步骤4 添加降噪效果。将“降杂 / 恢复”选项下的“降噪”拖动到音频序列中，如图 9-122 所示。

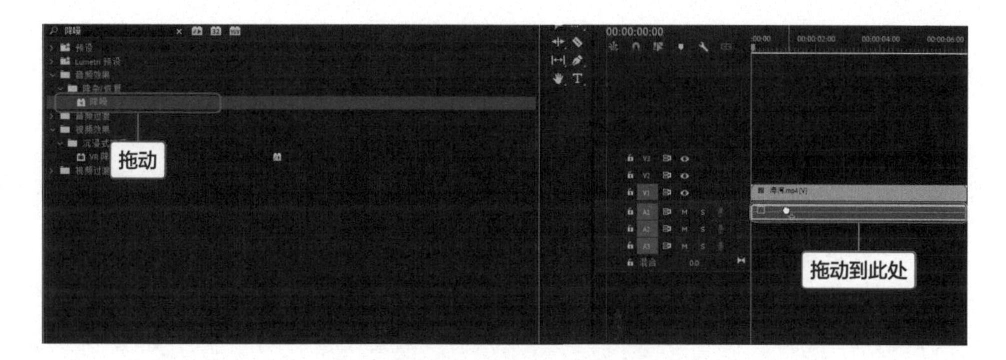

▲ 图9-122　添加降噪效果

步骤5 设置降噪效果。在源面板中，❶ 单击进入“效果控件”选项卡，❷ 在“自定义设置”选项中单击“编辑”按钮，如图 9-123 所示。

▲ 图9-123　设置降噪效果

步骤6 设置强降噪。在弹出的对话框中，❶ 单击“预设”下拉按钮，❷ 在弹出的下拉列表中选择“强降噪”选项，设置相关参数，❸ 单击“×”按钮关闭对话框，如图 9-124 所示。至此，降噪处理完成。

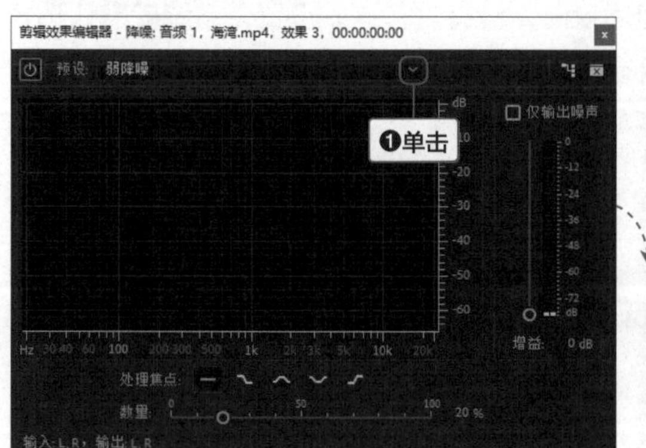

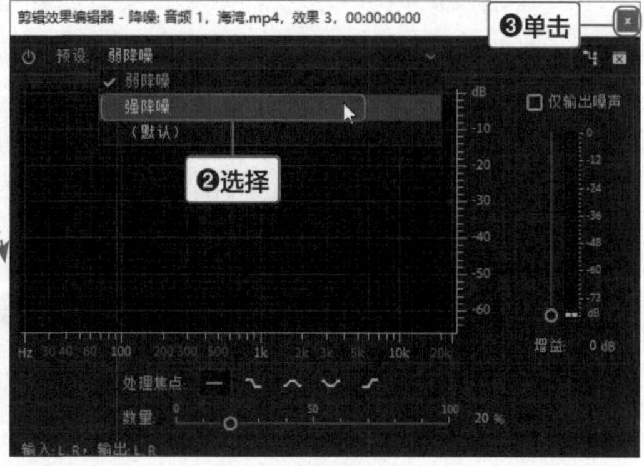

▲ 图9-124　设置强降噪

9.3 高手私房菜

1. 提升Premiere的运行速度

剪辑人员在使用 Premiere 进行视频剪辑时，常会遇到运行“卡顿”的情况。明明计算机配置不差，空间也是足够的，为什么会发生“卡顿”呢？又该如何“提升”运行速度呢？

我们可以按照以下操作解决上述问题。在新建项目时，单击“新建项目”按钮，弹出“新建项目”对话框，此时，可在“常规”选项卡中展开“渲染程序”下拉列表，如图 9-125 所示。

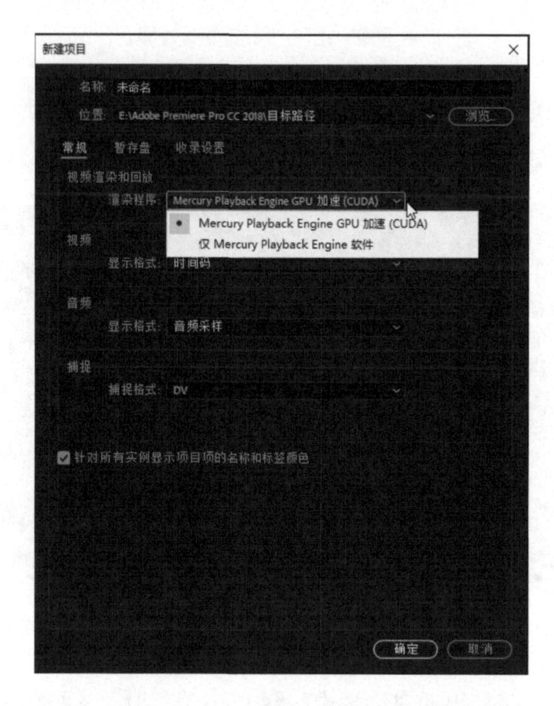

▲ 图9-125 “新建项目”对话框

“渲染程序”下拉列表中有两个选项：第一个选项的作用为启用显卡加速，第二个选项的作用则相反。很多初级视频编辑人员在新建项目时，没有进行这些设置，系统就默认选择了第二个选项，造成了在使用 Premiere 编辑视频时计算机卡顿，运行速度变慢。

2. 掌握Premiere的常用快捷键，提高剪辑效率

Premiere 作为常用的视频剪辑软件，其中的裁剪、播放等基本功能在每一次视频剪辑时几乎都会用到，但利用鼠标进行操作有所不便。笔者总结了以下几个 Premiere 的常用快捷键，剪辑人员可根据软件版本及自身操作习惯进行设置、使用，以代替鼠标操作，提高剪辑效率。常用快捷键的操作如下。

（1）快速裁剪视频。在进行视频裁剪时，总在“选择工具”与“剃刀工具”间不断切换十分麻烦，剪辑人员可以将鼠标指针移动到需要裁剪的位置，按快捷键“Ctrl+K”实现快速裁剪。

（2）浏览视频。在时间轨道上按“←”键或“→”键，可逐帧浏览视频。按住“Shift”键的同时，按“←”键或“→”键，可以实现 5 帧 5 帧地浏览视频。

（3）倍速播放及暂停播放。按“L”键可实现两倍速播放视频，再按一次，可实现 4 倍速播放视频。按“J”键可实现减倍速播放视频。按“K”键可实现暂停播放视频。

3. 学会这个小技巧，快速设置所有转场

按照一般操作流程，每次设置视频转场都需要对转场效果进行搜索并选择，十分烦琐，但由于设置转场是每段视频必不可少的环节，新手剪辑人员不得不一次又一次地重复操作。其实，学会下面这个小技巧，可以在短时间内快速设置所有转场，大大提高工作效率。

首先，按照正常流程，选择一个转场效果，然后单击鼠标右键，在弹出的菜单中选择“将所选过渡设置为默认过渡”选项。之后，在视频需要添加转场的位置使用快捷键“Ctrl+D”，即可快速添加默认转场效果。

第10章 短视频发布与引流

本章导读

引流，是短视频领域中的重要概念，也是至关重要的一项工作内容。引流是指将流量以技巧性的方式引向短视频或短视频账号，以达到运营目的。基于这个运营目的，从短视频的发布开始，到视频发布后的多平台共同助力与推广，都是运营人员需要重点把控的环节。本章将重点介绍短视频发布与引流的方法。

本章学习要点

- 短视频发布的最佳时段
- 提高点赞比、评论比、播放量、互动量的方法
- 学会多平台共同为短视频助推
- DOU+的投放方法

10.1 短视频发布心法

短视频的发布是运营环节的重要工作之一，运营人员需要认真选择发布的时段、方法，并从多方面入手提高短视频的点赞比与评论比。

10.1.1 发布短视频的4个好时段

每个短视频平台都有自己的流量高峰，这源于平台用户的不同浏览习惯。运营人员需要提高对入驻平台的流量高峰时段的敏感度，并结合自身账号的领域和特点等，固定短视频的发布时间。

一般来说，短视频平台的流量高峰有 4 个时间段，即早上（7:00 ~ 9:00）、中午（12:30 ~ 13:30）、下午（16:00 ~ 18:00）及晚上（21:00 ~ 23:00）。在以上 4 个时间段内，短视频领域的大部分用户正处于起床、通勤、用餐或是休闲的阶段，是比较客观的短视频浏览时间。

短视频创作者或运营人员要注意，并不是在这 4 个时间段中随意选择一个进行发布，也并非在 4 个时间段内都发布短视频，而是应当依据自身账号受众的特点及视频内容来科学地确定发布时间，保持稳定的发布频率，这样有利于用户养成良好的观看习惯，进而提高用户黏性和忠诚度。

就账号受众的角度而言，账号应当在受众集中在线的时间段发布视频，才能获得更多的流量。而从视频内容角度来说，若是剧情类短视频，则可选择在 21:00 ~ 23:00 这一时间段进行发布，这个时间段的受众心情大多已经放松下来，而深夜也更容易让人变得感性，有利于提高短视频的互动量及传播率。

10.1.2 如何科学地发布短视频

短视频的发布不仅要讲究时间，更要讲究方法。短视频在发布前可进行的科学准备如图 10-1 所示。

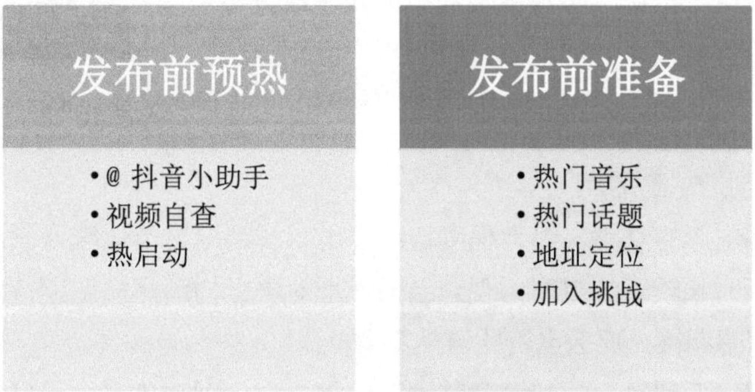

发布前预热	发布前准备
• @ 抖音小助手 • 视频自查 • 热启动	• 热门音乐 • 热门话题 • 地址定位 • 加入挑战

▲ 图10-1 科学发布短视频的准备工作

发布短视频时 @ 抖音小助手，已经成为部分账号的常规操作，这样可以为短视频带来更多的流量助推。依照平台的规定对短视频进行自我核查，以避免因为违规导致账号被降权。

短视频的标题文案也是影响视频流量的重要元素之一。在标题文案中加入热门话题或是热门挑战的标签，能获得官方分配给热点的流量。另外，为短视频进行地址定位，以及添加热门音乐，也都是同样的原理。

名师提点

热启动是指短视频账号准备好了充足的推广预算，依靠平台的自给流量与推广获得的流量来推动账号。相对应的，冷启动就是指短视频账号不进行任何的推广，完全依靠平台的自给流量来运营。

10.1.3 提高点赞比的4个方法

点赞比是指浏览短视频的用户为短视频点赞的比例。高点赞比彰显着短视频的高质量，将短视频推入下一个流量池的概率也更大。

1. 创造有价值的视频内容

短视频的价值是判断视频是否优质的重要依据，不管是对用户具有娱乐方面的价值，还是生活技能、学习等方面的价值，都能引起用户对短视频的点赞欲望及收藏欲望。

例如，美妆、美食、健身、技巧类的短视频，因为“干货满满”，十分容易获得用户的点赞。图 10-2 所示的短视频内容为土豆香肠炒饭的具体做法，是典型的干货型短视频，对用户具有实用价值。而用户也对这类内容十分喜爱，但可能由于目前并不方便立刻进行实践或学习，就会先点赞短视频，当作收藏以备用。

当然，短视频 App 本身是设有收藏功能的，以抖音短视频为例，收藏视频需要点击“转发”按钮，再在界面的最下方点击“收藏”按钮，步骤相较简单的双击或直接点击“小心心”要复杂很多。因此，大部分用户会用点赞代替收藏。

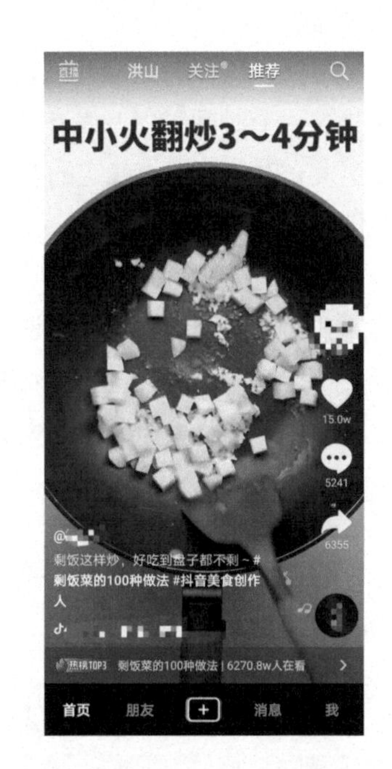

▲ 图10-2 有价值的短视频内容

2. 在结尾处创造“高潮点”

观众对于一部电影的观感，很大程度取决于电影的结尾是否让观众满意。而大多数短视频其实相当于一部时长较短的电影，观众会天然地对电影的结尾产生期待，如果结尾处的情节满足了他们的情感期待，那么点赞比自然不会低。

相反，如果用户看到最后，却发现结尾不尽如人意，则难免产生不良情绪，这时，轻则直接划走，重则在评论区进行“吐槽”，或是点击“不感兴趣”以免再次浏览到这类视频。所以，创作者或策划人员千万不能让短视频“烂尾”，而是要在结尾处安插冲击力足够强的剧情或者反转桥段，创造一个“高潮点”，让用户自发进行点赞。

例如，在某条短视频中，国际某知名功夫演员正在接受一档国外谈话节目的采访，而男主持人因为不相信中国功夫，于是不断在该演员的头部右侧做打拳的动作，而该演员则是对镜头笑着耸了耸肩，然后立马展示了一个高踢腿，在完全未伤到主持人的情况下，震慑住了对方。

视频不长，而视频的结尾确实是大快人心，成功营造了一个“高潮点”，把控住了观众的情绪。观众由开始的不快到最后大呼过瘾，于是便爽快地为视频点赞。截至 2022 年 7 月，该短视频已经获赞超过 77 万。

3. “请求”用户看完，创造点赞机会

用户的耐心是有限的，相对“短、平、快”的短视频而言，时长较长的短视频即使内容优质，获赞机会也比前者少很多。基于这种情况，创作者或策划人员可以通过标题、字幕等对用户进行“请求”，或用一些语言技巧吸引用户看到最后，为短视频创造更多获赞机会。

例如，在图 10-3 所示的短视频中，视频开头处的字幕与视频的标题分别包含“请看到最后”与“一定要看到最后”的文字，让用户对短视频的结尾产生了好奇，挽留住了部分想要划走的观众。而视频在结尾处，的确用吃过的泡面创造出了有趣的笑点，符合了观众的预期，因此收获了超过 23 万的点赞。

▲ 图10-3　请求用户看完的短视频

4. 用文案、字幕、声音引导点赞

除了用以上方式使用户自发地点赞，创作者或策划人员还可以采取更直白的方式——用文案、字幕、声音等引导用户点赞。

例如，在图 10-4 所示的短视频中，一对夫妇在服装店挑选好商品后，表示得先去超市买东西后再回来进行购买。但在二人返回商店时，却发现店主不在，且商店空无一人。于是，夫妇二人在到隔壁商店询问店主的去处无果后，直接扫码买单，并向监控展示付款界面，最后带走商品。不得不说，二人展现的高素质实在让人印象深刻。

在短视频的字幕和视频文案中，都包含了“为诚信点赞！”的话语。本身就十分令人动容的短视频内容，加上引导的话语，观众情绪受到感染，便不会吝啬手中

▲ 图10-4　用文案、字幕引导点赞

的“赞”。最后，该视频获得了超过 14 万的点赞。

10.1.4　提高评论比的4个方法

除了点赞比外，评论比也是判定短视频是否受欢迎的重要依据。评论比高的短视频，其内容互动性比较强，能引起用户的讨论或是情感抒发，这也是短视频能得到广泛传播的基础。

1. 刺激用户情绪

互动性强的短视频往往做到了用内容刺激用户情绪。这种刺激通常分为两类，一类是指短视频内容调动了用户的情绪，从而使用户产生强烈的倾诉欲，最后留下评论或“吐槽”。另一类是通过动人或幽默的内容来感染用户，用户在感动之余或会心一笑后留下评论。

在一条短视频中，一位上海大叔在路边一边吃着并不算精致的饭菜，一边喝着高档酒。这样与众不同的生活态度，引得很多短视频用户在评论区留言。最高赞用户留言道：“骑着单车上酒吧，该省省该花花”，这条留言获得了超过 1000 位用户的点赞。而点赞数第二高的用户留言则高度概括了这位上海大叔的行为：“生活需要仪式感”，如图 10-5 所示。

▲ 图10-5　刺激用户情绪的短视频

2. 用文案引导评论

部分创作者或运营人员会直接在标题文案处向用户提出问题，以此引导评论。这是一种比较直接的方式，配合适当的短视频内容，对用户有较强的引导性。

最终能否成功引导用户在评论区留言，关键还在于短视频的内容。通常而言，具有较强争议性的内容，或是能引发用户恻隐之心的内容等，是很容易获得评论的。例如，某短视频的标题文案如图 10-6 所示。

作家XX新作惹争议，本人回应：
读者跟不上时代，你怎么看？

▲ 图10-6　引导评论的短视频文案

在图 10-6 所示的短视频标题文案中，前半部分用了一个三段式的结构将事件的前因后果进行了十分简练的概述，后半部分则对用户进行提问：你怎么看？引导用户在评论区留下自己的看法。

一般来说，一部文艺作品问世后，评价有褒有贬是十分正常的。但在该条短视频中，事件的主角，即作品的创作者，却因为不满读者对自己作品的评价而调侃起了读者。此短视频文案的后半部分，将发声的话筒递给了所有看到该视频的用户，暗示他们在视频评论区表达自己的看法，无形中引发了用户的倾诉欲，以此达到提升视频评论比的目的。

3. 用初始评论引导评论

在短视频评论区中，细心的用户会发现，热评或置顶评论往往是播主自己留下的。其实，这是短视频播主们常用的一种引导评论的方式，即在发布短视频后，在评论区留下对于短视频内容的补充或“吐槽”，或是向用户提出问题，或是利用用户对自己的喜爱，以及想要与播主互动的心理，引导用户留下评论。

在一条短视频中，男生向女友的闺蜜“吐槽”女友，说自己因为搬家东西太多，随手扔掉了女友一束蔫巴巴的干花，但女友得知后却大发雷霆。最后，在闺蜜的提醒下，男生才知道，那束干花其实是女友多年珍藏的、自己第一次送她的礼物。在该条短视频的评论区，播主在此留下了初始评论，内容为“礼物的珍贵不是在于有多少价值，而是在于是你送我的”，与短视频的故事内容完全呼应，深深道出了短视频中的女友的心思。最后，这条初始评论得到了94条回复，以及超过1850个点赞，如图10-7所示。

▲ 图10-7 用初始评论引导评论

4. 引发评论区的“竞争”

大部分短视频都带有一定的价值观输出，而用户的价值观是各不相同的，有价值观的地方就容易产生关于价值观正确与否的争论。不同的用户会在短视频评论区留下自己的观点，也时常能见到在一条评论中，用户针对某一问题争论不休。

在这种情况下，创作者不必慌张，也不必急着将“战火”扑灭，用户的生活经历与所处角度不同，产生分歧是正常现象。同时，从数据的角度来说，在用户的互相“抬杠”之下，短视频的数据会随着评论区的热闹水涨船高。而随着视频热度不断攀升，短视频将被推送给更多用户，这意味着会有更多用户加入讨论。如此循环之下，短视频会被推向数据巅峰。

10.1.5 提高播放量和互动量的9个关键点

一段视频的火爆也许是偶然，但一个账号的崛起一定是高质量短视频产出后的必然。播放量与互动量是决定一段短视频及一个账号是否火爆的关键，创作者如果想要从根本上提升这两项数据，应当从内容选题、视频制作、内容分发3个层面入手，着重关注9个关键点，具体如图10-8所示。

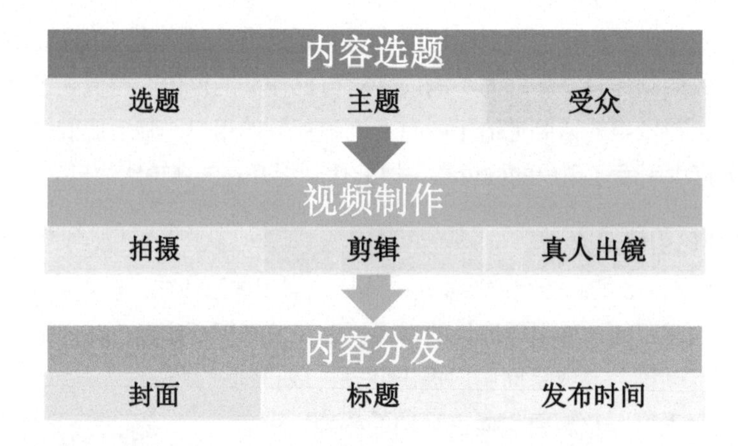

▲ 图10-8 提高播放量和互动量的9个关键点

从内容选题的层面上来说，策划人员需要留意选题是否具有时效性，是否符合大部分用户的喜好，以及是否能在短时间内吸引用户的眼球。第一，在选题时要做到靠近热点，同时兼顾自身原创内容的高质量，做到“用他人事件，输出自己的观点”。第二，在主题方面要做到开门见山，注重“黄金 3 秒原则”。第三，在受众上要关注用户群体的共性，不断更新对受众群体的认知，输出其感兴趣的内容。

从视频制作的层面上来说，剪辑人员需要注意画面的表达，揣摩用户的观感。在拍摄方面，做到画质清晰、画面稳定；在剪辑方面，在叙事清晰的基础上，加入精彩的配乐；在演员方面，尽量做到固定演员真人出镜，这样才能获得更多的平台支持。

内容分发简单来说就是发布短视频，在这个环节中，创作者或运营人员要注意封面的精美与关键信息的准确呈现。其次，比封面更重要的是要反复打磨标题，提炼出整个视频的精华部分。最后，要确定最适合自身账号的发布时间，多角度结合考虑，取得最优结果。

10.2 短视频账号推广引流

推广与引流是为短视频数据添柴加火的必要工作。根据短视频的不同体量，创作者或运营人员应当制订不同的推广引流方案，尽量做到最大限度地为视频数据助力。

10.2.1 在多个平台同步发布视频

虽说短视频平台的用户体量各有不同，但即便是小平台的用户基数，也是难以想象的。创作者或运营人员若想获得更多的流量和影响力，将短视频在多个平台发布是个不错的推广方式。

从增加作品展现量的角度而言，可以以某一平台为主运营平台；其他多个平台为辅运营平台，主要用于增加展现量和引流。例如，某创作者在抖音注册了一个美妆类短视频账号，并在抖音火山版、美拍、西瓜视频也注册了同名短视频账号，将作品进行同步发布。此时，该账号的流量来源则增加到了 4 个渠道。

值得注意的是，在进行多平台推广时，各个不同平台的短视频账号需要保持昵称、定位一致，力求形成多平台环境下的垂直内容。即使各平台账号的定位只有些许差别，也相当于在 4 个平台运营了 4 个各不相同的账号。想要打破平台壁垒，最终达到聚集流量的目的，一定要保持账号的高度一致性。

10.2.2 利用交际圈进行社交分享

短视频平台的社交属性，也是它在短时间内爆火的原因之一。大多数用户的手机里都不缺 QQ、微信这两个软件，某些用户还有微博等。这些社交软件往往是用户联系亲朋好友的第一选择，也是每天打开手机必定“光顾”的 App。而每个用户社交圈的影响力，也都是不容小觑的。

创作者或运营人员可以将发布成功的短视频作品分享到这些社交软件上，利用自己的社交圈，扩大传播范围。例如，美拍分享短视频至社交圈的操作界面及渠道如图 10-9 所示。

▲ 图10-9 美拍分享短视频的操作界面及渠道

在美拍中，创作者或运营人员可以在个人主页及短视频界面进行社交分享，社交分享的渠道包括微信好友、微信朋友圈、QQ 好友、QQ 空间、新浪微博等。

10.2.3 在同类型贴吧或论坛内推广引流

贴吧是用户因为相同兴趣爱好而聚集的分享社区，它的流量相对比较聚集。例如，因为喜爱滑板，用户们成立了“滑板吧”，那么“滑板吧”中的所有用户都是喜爱滑板的人群。同时，“滑板吧”也会吸引越来越多爱好滑板的用户加入，这些用户都是创作者或运营人员可利用的潜在流量。

在利用贴吧进行短视频推广时，可以将短视频链接或视频本身直接发布到与视频内容相符合的贴吧，感兴趣的用户则会点击观看，甚至在短视频平台进行关注。这就完成了短视频的推广与引流两大工作。

另外，论坛也是与贴吧相似的流量聚集地。在贴吧、论坛进行推广引流，从根本上说，是直接瞄准了短视频的受众。因此，在进行贴吧与论坛的选择时，需要多方面考量，直到确定受众重合度足够高，再开展推广引流工作。

10.2.4 在微信及QQ群内推广引流

QQ 群、微信群中的用户通常都是基于一定目标、兴趣而聚集在一起的，除去因为工作关系建立的工作群，创作者或运营人员也可以通过 QQ 群、微信群进行短视频的推广与引流。

QQ 群与微信群的特点是，群组的聚集性较高，任何成员在群内发送信息，其他成员都会收到新消息提示。因此，通过 QQ 群、微信群推广短视频，可以保证推广信息到达受众，那么，受众对信息做出反应的可能性也就更大。

除此之外，由于定位不同，用户可以通过公开查找加入 QQ 群。而因为微信更具隐私性，除了通过群内成员邀请的方式，陌生用户很难加入微信群。所以，QQ 群比微信群更易于添加和推广。创作者或运营人员可以借助群内的用户，形成“病毒式”的传播，以达到良好的引流效果。以在 QQ 群中推广视频账号为例，群内推广的步骤如图 10-10 所示。

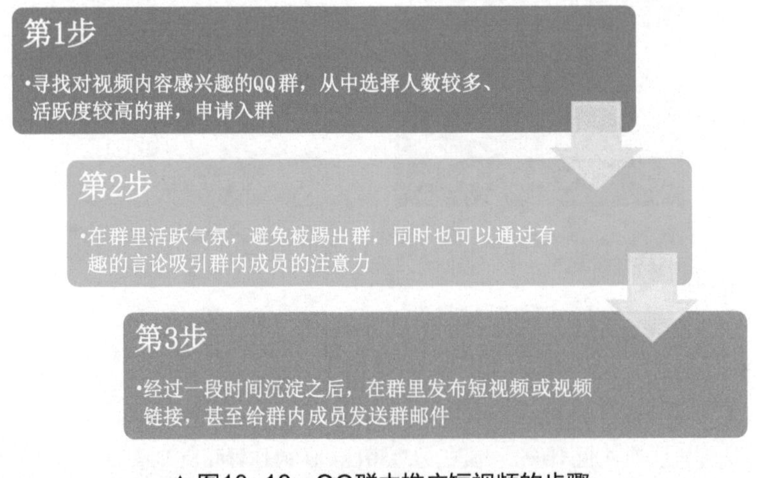

▲ 图10-10　QQ群中推广短视频的步骤

QQ 群中有许多热门分类，创作者或运营人员可以通过查找同类群的方式，加入“同好群”，然后再进行短视频推广。在 QQ 群中进行短视频推广的常用方法有 6 种，如图 10-11 所示。

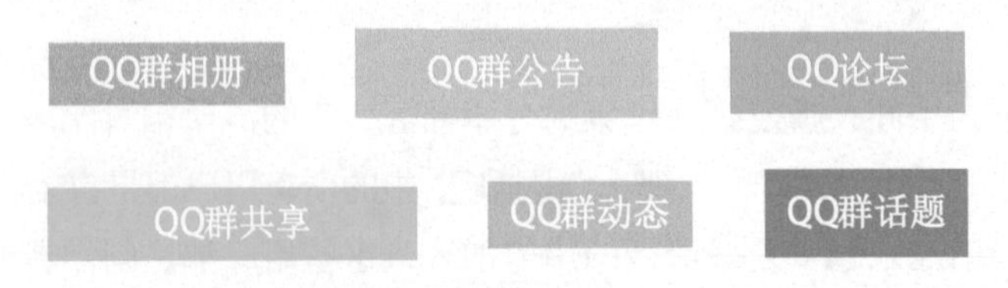

▲ 图10-11　QQ群中短视频推广的常用方法

创作者或运营人员可以选择一种或几种适合自己的方式，利用相应人群感兴趣的话题来引导 QQ 群中用户的注意力。在找准了用户感兴趣的点后，引流就变得非常容易了。

10.2.5 充分利用平台扶持流量

除了利用辅运营平台进行推广、引流外，创作者或运营人员还可以回归到主运营平台，充分利用平台本身的流量扶持政策，为短视频推广加一把劲。以抖音平台为例，官方会给出许多推荐创作者遵循的短视频要求，短视频在满足这些要求后，平台会给予一定的流量扶持。其中部分要求如下。

- 发布竖屏视频。竖屏视频是抖音官方推荐的，发布竖屏视频会获得一定的流量支持。
- 视频画质要清晰。高清视频有利于获得更优质的流量推荐，建议创作者使用1080×1920的分辨率，在视频内容相同的情况下，这个分辨率获得的推荐最多。
- 视频的最佳时长为15～30秒。抖音账号的粉丝数量大于1000或者开通蓝V认证，就可以发布1分钟时长的视频。但是实际上，视频超过30秒，完播率就会大幅度下降。所以视频的最佳时长是在15～30秒。注意，视频最短时间不要低于7秒，因为7秒以下的视频容易被系统认为不完整或内容欠佳，不给予推荐流量。图文视频建议使用6张图片组成视频，这最符合用户的观看体验。
- 统一元素风格的封面图。好的视频封面应当具备3个特点：第一，标题清晰，能直接表达主题内容；第二，风格鲜明，能提升账号的品牌调性，提升视频点击率；第三，统一元素风格，让用户一看就觉得视频是经过精心整理、排版的。
- 选择抖音热门音乐。热门音乐自带流量，也能帮助短视频的热度更上一层楼。

名师提点

创作者需要注意：尽量保证视频和图片的宽高比是9:16，并且将App升级到最新版本，确保视频画面无过度曝光、无过暗或卡顿情况后再进行发布。

10.2.6 账号之间相互引流

在同一平台内，短视频账号也可以相互引流，形成账号互推。而账号之间的相互引流，可以分为账号与账号之间的相互推广（以下简称账号互推）以及账号自身建立传播矩阵两种方式。

1. 账号互推

账号互推是比较好理解的，由于播主之间的交好，或是粉丝呼吁而来的合作，播主之间会产生合拍、相互 @、相互挑战等互推形式。这样的合作形式不仅可以互换有效流量，让各自的粉丝关注对方，增加粉丝基数，还能借助彼此的热度，共同创造更高的人气。短视频账号之间的互推如图 10-12 所示。

▲ 图10-12 短视频账号互推

2. 建立传播矩阵，“以号带号”

建立传播矩阵简单来说就是建立多个账号，并将账号各自的粉丝进行交叉引流，达到提升粉丝量、扩大影响力的目的的一种方法。这种“以号带号”的推广形式主要是在几个不同的账号之间进行一系列相互推广操作，让主账号快速增长粉丝量。短视频平台上的互推主要以矩阵小号内的互推为主。

在矩阵中，账号各自的角色定位是不同的，这也是传播矩阵的关键所在。各个账号拥有独特的人格设定或作用设定，并按照设定去发挥作用，以吸引不同的用户群体，为相互引流打下良好的基础。

“秋叶”系列的教学账号就是短视频矩阵的典型案例，该系列由“秋叶 Excel”“秋叶 PPT”“秋叶 Word”等账号共同组成，如图 10-13 所示。

▲ 图10-13　秋叶系列账号

在图 10-13 中，“秋叶 PPT”是 3 个账号中粉丝数量最少的，但也拥有 321.5 万粉丝，而粉丝量最多的“秋叶 Excel”则已经吸引了 722.7 万平台用户的关注。以“秋叶”为统一名称，以此发展出不同的教学分类，这样一来，想要学习 PPT 的用户，也会因为对品牌认可而关注其他账号，甚至产生学习另一软件的兴趣，账号间的互推与引流就自然而然地形成了。

10.2.7　小号发布评论引导关注

短视频账号在发布作品后，可以用小号（辅运营账号）在评论区留下高质量的评论，并且最好让大号（主运营账号）对小号的评论进行置顶，在为短视频进行助力的同时，吸引高黏性的粉丝点进小号进行视频浏览，并关注小号，以此聚拢流量。

10.3 用DOU+打爆流量

想要视频流量在短时间内获得飞速提升，创作者或运营人员还可以走一个“捷径”，就是进行 DOU+ 的投放。本节将详细介绍 DOU+ 的概念、作用及使用技巧，帮助新手创作者或运营人员获得更多流量。

10.3.1 什么是DOU+

DOU+ 是抖音平台中为视频流量助力的专门工具，广泛应用于抖音账号中。作为一款视频加热工具，在创作者购买并使用后，可将短视频推荐给更多的用户，提升视频的播放量与互动量。

10.3.2 DOU+投放的3种形式

DOU+ 的投放分为 3 种不同的形式：系统自动投放、自定义定向投放，以及达人相似粉丝投放。创作者或运营人员可以根据这 3 种不同的形式，灵活进行数据引导。

1. 系统自动投放

系统自动投放，即 DOU+ 系统自动为付费推广的短视频作品匹配对其感兴趣的人群，这种方式的优点是操作简单，非常省事。但实际上，通过系统判定的受众范围比较粗略，并不够精细，瞄准精准用户的概率较低。

2. 自定义定向投放

自定义定向投放，是创作者或运营人员在投放时自主选择想要投放的人群。这种方式比系统自动投放更精准，它可以直接瞄准目标人群的年龄、职业、地域等具体维度，最后收到视频推送的人群几乎都对作品内容感兴趣，投放效果十分可观。

3. 达人相似粉丝投放

达人相似粉丝投放，是指创作者或运营人员通过 DOU+ 向短视频账号对标的目标账号的粉丝进行投放。例如，创作者运营的短视频账号昵称为 A，而 A 对标的同领域账号为 B，达人相似粉丝投放就是直接将 A 发布的某段短视频直接推送给 B 的粉丝群体。在这种投放方式中，因为目标账号几乎已经实现了账号与粉丝的精准对接，创作者便能在达人相似粉丝投放中，“一键”完成精准投放。

10.3.3 新账号怎样投放DOU+

虽说 DOU+ 对短视频的助推作用适用于所有已发布的短视频，但往往使用 DOU+ 最多的都是刚运营不久的新账号。新手创作者或运营人员试图通过 DOU+ 在初始阶段为自己的短视频作品带来更多曝光量，这是无可厚非的。那么新账号要怎样投放 DOU+ 才能达到最佳效果呢？具体的操作步骤如下。

步骤1 为账号投放 DOU+ 直到获得 100 以上的粉丝增长。

步骤2 观察短视频的数据增长情况，再决定是否追加。注意，一条热门短视频作品的基本数据指标应该满足：完播率 > 30%，点赞率 > 3%，评论率 > 0.4%，转发率 > 0.3%。

步骤3 当视频成为热门后，立刻开直播。用直播的方式为账号进行再一次助力，以保持账号的热度。

10.3.4 DOU+投放的底层逻辑

众所周知，DOU+ 就是一款官方允许的、专门帮助短视频增加曝光量的付费工具。那么 DOU+ 到底是如何在系统自然推荐的基础上为短视频热度“添砖加瓦”的呢？DOU+ 的投放逻辑如图 10-14 所示。

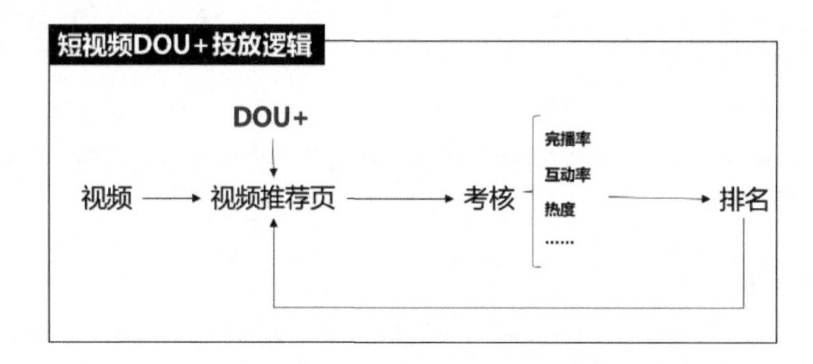

▲ 图10-14 短视频DOU+投放逻辑

在系统自然推荐流程中，账号新发布一条短视频，系统算法则会在视频推荐页为该视频匹配一定的流量，但具体匹配多少流量往往由该账号的账号特征，即标签、粉丝量、关键词，以及当前在线的用户特征，即用户的兴趣、标签等来决定。

匹配到的流量，其实就是一个个的具体用户。在系统将短视频展示给这些目标用户的同时，系统会记录用户的反馈，包括用户是否看完视频、是否关注、是否点赞等。接下来，系统会基于反馈数据为视频内容评分、排序，并决定在下一轮推荐中为该视频匹配多少流量。

而在这个过程中，DOU+ 投放的行为就相当于直接购买播放量，提升视频曝光率。但注意，DOU+ 也仅仅只是为短视频提升曝光量，它并不能影响系统的评分环节。举例说明，视频 A 的播放量目前为 5000，其中有 1000 位用户对视频进行了点赞，那么视频 A 的点赞率就是 20%。如果此时创作者投放了 100 元 DOU+，将获得大约 5000 的播放量，但是 DOU+ 的投放，仅仅是帮助短视频多增加了 5000 位看客，而这些看客是否对视频进行点赞、关注等，创作者与系统都无法左右。

于是，如果在 DOU+ 投放后，点赞率仍然持续走低，则会直接拉低该视频在下一轮推荐中获得的播放量。反之，则会增大即将获得的播放量。换言之，在系统自然的循环推荐中，DOU+ 仅仅作用于一轮推荐，只为短视频提供一次播放量的增加，在下一轮的推荐中，系统给予该条视频多少播放量，由该视频在上一轮中的表现来决定。

名师提点

想要在下一轮推荐中获得更高的播放量，创作者或运营人员需要灵活运用DOU+工具。DOU+拥有选择投放目的的功能，假设创作者或运营人员以提升互动量为投放目的，系统则会优先为视频选择更加有点赞、评论等互动倾向的在线用户进行推送，那么从理论上来说，该视频也应当能获得更高的互动数据，提高上热门的概率。

10.3.5 不同领域的DOU+投放攻略

DOU+ 投放的核心原理是，如果创作者或运营人员对短视频作品非常有信心，那么首先应该为评论、点赞等互动数据进行投放。如果投放后能获得不错的收益，再追加第二次投放。最后清算通过 DOU+ 投放账号总共增长了多少粉丝。但 DOU+ 在不同领域的投放方式和投放效果各有不同，下面仅以几个典型领域的 DOU+ 投放为例进行说明。

1. 游戏领域

游戏领域是短视频领域中十分热门的领域之一，许多曾经在专业直播平台中负有盛名的播主纷纷入驻短视频平台。游戏领域的 DOU+ 投放相关信息如表 10-1 所示。

表10-1 游戏领域的DOU+投放相关信息

领域	投放相关	具体内容
游戏	建议投放指数	★★★★★
	投放效果指数	★★★★
	视频加热方式	达人相似（选择同领域或领域相似，且粉丝数小于100万的10个达人作为投放对象）
	期望提升方向	粉丝量
	投放时长	6小时
	建议时间段	22:00～4:00
	适用范围参考	游戏类播主真人出镜的视频，游戏录屏

2. 美食领域

历史悠久、品类多样的美食文化在现代社会越发焕发出新的生命力，这也间接导致了美食领域的短视频所占的比重越来越大。美食领域的 DOU+ 投放相关信息如表 10-2 所示。

表10-2　美食领域的DOU+投放相关信息

领域	投放相关	具体内容
美食	建议投放指数	★★★★★
	投放效果指数	★★★★★
	视频加热方式	定向推荐（男女不限，24～40岁，20个省会城市，兴趣标签：美食）
	期望提升方向	粉丝量
	投放时长	6小时
	建议时间段	22:00～4:00
	适用范围参考	零食、美食、教学等视频，下午茶视频不适用

3. 情感领域

在钢筋水泥塑造的都市丛林中，人们的压力越来越大，舒缓压力的需求也越来越大，情感短视频应运而生。这类短视频也是十分具有潜力的短视频类型之一，它的 DOU+ 投放相关信息如表 10-3 所示。

表10-3　情感领域的DOU+投放相关信息

领域	投放相关	具体内容
情感	建议投放指数	★★★★★
	投放效果指数	★★★★
	视频加热方式	达人相似（选择同领域或领域相似，且粉丝数小于100万的10个达人作为投放对象）
	期望提升方向	粉丝量
	投放时长	6小时
	建议时间段	22:00～4:00
	适用范围参考	情感类、心灵鸡汤类、电台情感交流，针对特定性别用户的短视频

4. 餐饮领域

餐饮领域与美食领域不同，餐饮领域的创作者大多为餐饮行业的实体店主，他们开设抖音账号就是为了增加店里的客流量，创造更高的销售额。餐饮领域的 DOU+ 投放相关信息如表 10-4 所示。

表10-4 餐饮领域的DOU+投放相关信息

领域	投放相关	具体内容
餐饮	建议投放指数	★★★★★
	投放效果指数	★★★★★
	视频加热方式	定向推荐（男女不限，24～40岁，选择附近区域小于10km的范围投放，兴趣标签：美食，生活，汽车，房产）
	期望提升方向	粉丝量
	投放时长	6小时
	建议时间段	16:00～22:00
	适用范围参考	餐饮店，奶茶店

10.4 高手私房菜

1. 关注两大数据，让你瞬间“盘活”DOU+带货

DOU+ 带货是将抖音带货与 DOU+ 机制结合在一起，用付费流量为营销助推的一种方式，该方式对新手创作者而言，难度是比较大的。新手创作者切忌被繁多的数据晃花了眼，要分清主次，把控关键数据。其中，进店率与转化率就是两项十分重要的数据指标。

抖音平台由于其主营业务和模式与淘宝不同，二者的进店率和转化率也存在一定区别。例如，高播放量的卖货账号，其店铺转化率并不一定高，具体要看其进店人数与购买人数的比率。而淘宝是搜索型购买平台，消费者本来就需要这类产品，因为需要才搜索，才进入目标店铺，所以转化率会更高。抖音则需要消费者先被视频所吸引，再点击进入，并产生购买行为。但一段视频被浏览到本就需要一定的概率，转化率自然就更低了。

因此，创作者选择在抖音上销售商品时，要观察该商品在淘宝平台上的转化率，这个转化率与该商品在抖音平台的销售量一般呈正相关。那么，如何判断商品在淘宝平台转化率的高低呢？一般情况下，淘宝平台上商品的转化率达到 10% 还算不错；达到 15% 则可断定该商品属于高转化率的商品；如果达到了 20%，那么该商品则是创作者千万不能错过的潜在爆品。

在数字化媒介不断发展的今天，销售方式变得越来越多样化，创作者不论是在抖音还是在未来某款 App 上卖货，都需要“因地制宜”，根据平台调性和用户属性选品、制订销售策略。

2. 如何利用规律发布视频，培养用户观看习惯

规律地发布视频，是每一个成熟的短视频账号需要做到的。同时，账号应当选择合适的发布时间，形成属于自己账号的发布规律，如“每晚 21:00 更新”，或是“每周六中午 12:00 更新”。

定期发布短视频不仅可以固定自身账号的短视频制作和发布周期，还可以培养用户的观看习惯。用户观看习惯是需要长时间培养的，经过培养后，无论是对平台还是短视频账号都非常有益。淘宝平台的“双 11 购物节”就是一个典型案例。在用户脑海中塑造“11 月 11 日是每年都应该购物的节日”的理念后，“双 11 购物节”期间的销量非常可观。这种运营思维同样适用于短视频领域。

在短视频领域中，播主培养用户习惯一般需要 3 个步骤，如图 10-15 所示。

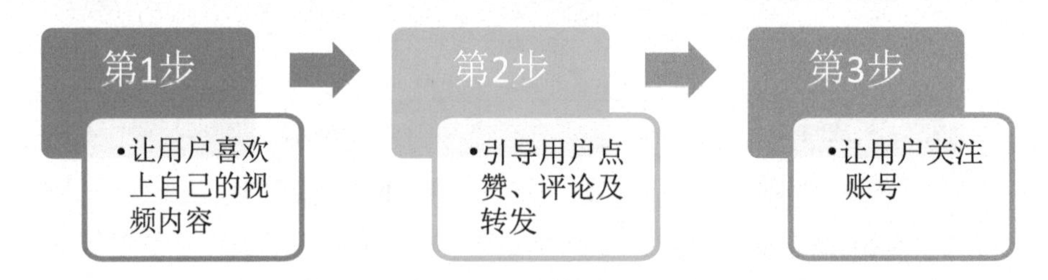

图10-15 培养用户习惯的3个步骤

成熟的短视频账号可以一次性完成这 3 个步骤，而在这 3 个步骤全部完成后，用户将按时按点观看账号的短视频或是直播。这种行为的形成，是账号对用户影响的表现，也无形中增强了账号与用户之间的黏性。

3. DOU+币有什么用？DOU+的订单消耗怎么计算？

DOU+ 币是指抖音平台向用户提供的、可在平台上消费的虚拟货币。创作者或运营人员可用 DOU+ 币自由购买 DOU+ 流量，对短视频进行宣传推广。

DOU+ 的订单消耗是如何计算的呢？当抖音平台向用户推荐投放了 DOU+ 的视频时，相应地，系统会自动扣减投放总量中的部分金额，直到扣减到购买金额为零，或订单发布终止。DOU+ 的订单数据不包括自然播放量的统计，只包括 DOU+ 投放带来的展现量、播放量和互动量。而展现量与播放量之间存在差异。展现量是向用户显示的次数，即用户看到的次数。

第11章 短视频账号运营与数据分析

本章导读

短视频账号的运营工作，是保证账号能够持续发展的关键。运营工作不仅贯穿于短视频的发布环节，还贯穿于短视频发布后的“售后”工作中。而数据分析与运营工作的结合，是从科学角度保障短视频账号生命力的重要举措。

本章主要介绍短视频账号运营与数据分析的典型方法，帮助创作者或运营人员获得更多的流量和收益。

本章学习要点

- 权重与播放量的关系
- 平台流量池推荐机制与平台算法
- 短视频账号权重的判断方法
- 粉丝运营的方法
- 短视频账号运营效果数据分析的方法

11.1 提升视频权重与账号权重

权重，在新媒体时代成了所有运营人员不得不掌握的概念。在短视频领域中，权重分为视频权重与账号权重两种。本节将详细介绍权重的相关内容，以及测算权重及提高权重的方法。

11.1.1 视频权重与账号权重的作用

权重在广义上是指事物本身在其所属的环境中的重要性。而在短视频领域中，则可理解为关键要素在平台中的重要性。根据关键要素的不同，可以将权重划分为视频权重与账号权重。

视频权重指单个视频的权重，它由视频本身的内容与视频的数据表现决定。例如，视频画面是否清晰，文案中是否含有违禁词，点赞量如何，等等。创作者或运营人员需要注意的是，单个视频的权重并不影响同一账号中其他视频的数据。但如果某段视频的视频权重特别高，那么它将助力于这段视频的各项数据。例如，该视频可能会获得更多的扶持流量，进入下一轮的流量池的概率更大等。

账号权重的高低与该账号粉丝量的多少以及是否进行官方认证有关。账号权重高，代表该账号与其他账号相比，能在平台中获得更多的支持。例如，更容易统一标签，获得更好的精准流量推荐；视频发布后的审核速度也会更快；等等。

11.1.2 权重与播放量的关系

如果要用一个词来概括权重与播放量的关系，那一定是“息息相关”。众所周知，一般情况下权重越高，播放量也越高。但除此之外，二者的关系又是如何呢?

以一个刚注册的短视频账号为例，它的前 5 条短视频决定了该账号的初始权重。而短视频平台为了使创作者拥有更高的创作热情，从而推动平台发展，会给新账号的前 5 条短视频以流量扶持，其中，流量扶持最多的是第 1 条短视频。新账号发布的前几条视频播放量与账号权重的关系如图 11-1 所示。

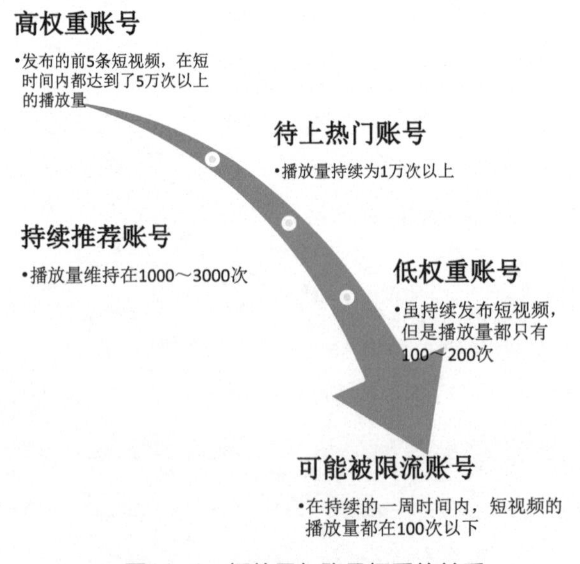

▲ 图11-1 播放量与账号权重的关系

按照图 11-1 所示的权重情况，如果新账号十分幸运地成为高权重账号，那么该账号所发布的短视频就十分容易成为热门；如果新账号成为待上热门账号，那么创作者还需要积极参与热门话题或活动，多使用热门音乐等来提高上热门的概率；如果新账号成为持续推荐账号，那么创作者需要抓紧时间提高短视频质量，或是提高播放量、点赞量和评论量，避免账号权重降低。

11.1.3 平台流量池推荐机制与平台算法

事实上，在创作者或运营人员运营短视频账号的全过程中，都需要对平台的流量分配规则及推荐核心算法进行深入的理解。同时，将它们与权重方面的知识相结合，如此才能充分利用平台规则，让自身账号在平台中获得更多支持。

1. 平台流量池推荐机制

流量池推荐机制是短视频平台的重要机制之一。平台中所有的账号发布的短视频，无一例外都需要经过流量池推荐机制的审核与推荐，才能逐步到达流量的巅峰。

以抖音平台为例，当账号发布新的短视频后，平台会给这些短视频 200~500 的基础推荐流量。之后，根据该视频的各项反馈数据来决定是否继续推荐。如果数据不错，该视频就会被放入下一个流量池，进行下一轮推荐。平台流量池推荐机制如图 11-2 所示。

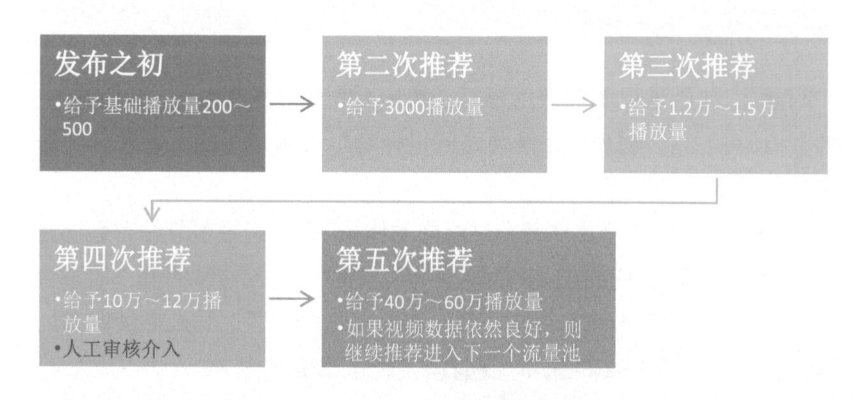

▲ 图11-2 平台流量池推荐机制

在短视频数据一直保持良好走势的情况下，平台将不断地将其放入下一个流量池中。而如果某条短视频已经进入第五次推荐阶段，获得了 40 万 ~ 60 万的流量，数据依然一路高涨，那么平台则会将该视频不断推入更高的流量池中——第六次推荐，进入播放量在 200 万 ~ 300 万的流量池；第七次推荐，进入播放量在 700 万 ~ 1100 万的流量池；第八次推荐时，则会进行标签人群推荐，这时流量池的播放量在 3000 万左右。

因此，创作者或运营人员在短视频发布后，需要持续留意视频在每一个阶段的数据表现（完播率、点赞量、评论量、转发量），并不断进行助推，以便能更顺利地实现流量池升级。而对于刚刚入行的创作者，即使短视频还处于初级阶段，也要谨慎、认真地对待，不论播放量多少，都是一个很好的开端。

2. 平台算法

在了解了平台流量池推荐机制后，新手创作者或运营人员可能会困惑：为什么某些视频发布后，会在很长一段时间内，播放量一直呈现低迷状态，只有十位数甚至个位数呢？

还是以抖音平台为例，抖音的平台流量池推荐机制中有一个平台审核功能，它能快速识别视频内容是否重复、是否优质、是否低俗等。因此，如果发布的短视频不够优质，甚至出现内容低俗、画面不清晰、疑似搬运等情况，那么平台就会判定这部分内容为垃圾内容，且不会给予正常的初始流量，也无法进入下一轮推荐。

按照这个逻辑，许多创作者或运营人员又产生了疑惑：为什么抖音中许多"换汤不换药"的短视频，也能获得源源不断的流量呢？它们不算"疑似搬运"吗？

的确，许多短视频平台都存在这样的现象：在某一内容火爆之后，其他播主纷纷跟拍，依旧能获得高流量，甚至出现跟拍视频的流量反超原视频的情况。其实，这与之前所言的"搬运"并不是同一概念。在平台算法中，此种现象产生的本质原因属于热门内容的算法升级。简单来说，就是某一内容在火爆后，平台算法会自动将这一内容判断为热门内容，是受大众喜欢的内容，因此，无论是谁转发或跟拍此内容，流量都不会太差。即使是粉丝极少的账号，或是权重较低的新账号跟拍这类热门视频，平台算法也会认定该视频为优质内容，所以会将短视频直接推荐到更大的流量池中。

11.1.4 新作品流量触顶机制

在平台核心算法与流量机制的作用下，一条短视频如果数据持续表现良好，会被无止境地推荐下去吗？其实不然，短视频系统算法的设计者早就想到了这个问题，于是设计了新作品流量触顶机制。

粉丝量在300万以下的账号也许曾有过这样的体验：在某条短视频发布后迅速成为热门，于是账号被大量曝光，粉丝数量也不停上涨。然而，这种情况的持续时间一般不会超过一周，且在此之后，那条爆款视频乃至整个账号都好像被"冻结"了，导致后续发布的一些作品数据表现也比较差，这种现象产生的根本原因其实就是流量触顶机制。

以抖音平台为例，平台每天给予短视频的总推荐量基本是固定的。在此基础上，一方面，如果平台完成了基本推荐，即内容相关标签的人群推荐，但非精准标签人群反馈效果差，平台则会停止该条短视频的推荐；另一方面，原则上平台并不希望账号在短时间内迅速蹿红，而是想要考验账号持续输出优质内容的能力，希望账号多多进行内容创新。

除此之外，基于平台的多样化发展，平台倾向于将流量分给更多有潜力的账号，而不是持续培养某一个账号。即便如此，新手创作者也不要因此灰心丧气，只要持续进行优质作品的创作，高推荐量也会重新降临。

名师提点

在面临流量触顶时，短时间内短视频再度火爆是比较难的。面对这种情况，持续进行优质内容的创作是最根本的应对方法。除此之外，创作者还可以尝试两种应对方法：一是将个人号升级为企业号，这种方式能有效地清空限流标识；二是建立矩阵账号，降低冷却风险。

11.1.5 根据基础数据判断账号权重

刚上手运营工作的创作者与意外遭遇账号降权的创作者，在经历低数据表现后，会对自身账号的权重情况感到迷惑，甚至怀疑账号已经成为“僵尸号”。其实，根据视频作品的基础数据就可以自行判定账号的权重情况，具体判断方法如图 11-3 所示。

“僵尸号”

判断标准：播放量<100，持续一周
应对方法：新作品播放量在100以下的账号可视为“僵尸号”。事实上，“僵尸号”基本等于“废号”，平台甚至不会将其发布的作品向账号的好友推荐，更何况普通用户。遇此情况创作者可以直接注销账号，重新注册

最低权重号

判断标准：100<播放量<200，持续一周
应对方法：新作品播放量在此区间的账号可视为最低权重号，这一类账号发布的短视频作品只会被推荐到最低流量池。如果账号成为最低权重号，那么创作者可以输出一些模仿热门段子的内容，提高互动量和播放量。如果21天内没有突破，账号会被降权为“僵尸号”

中途降权号

判断标准：作品播放量>1000，但是播放量突然降低
应对方法：造成这种情况的原因大多是之前账号发布的作品总是有成千上万的播放量，但某一天账号却发布了一条“硬广告”或者完全照搬别人的作品，或者“刷互动”，因此给予账号降权，俗称“关进小黑屋”。遇到这种情况，账号只能好好表现等待“释放”

待推荐账号

判断标准：1000<作品播放量<3000
应对方法：待推荐账号只要持续发布高质量作品，或垂直领域的优质作品，就有可能被推荐到更大的流量池，成为“小爆款”

待上热门账号

判断标准：作品播放量>1万，播放量持续1万以上
应对方法：这样的高权重账号，在作品持续优质的情况下，基本上每次都会有1万的播放量，账号的起点较高，此时可以运用结合时下热点、参加官方话题、添加当下“爆款”音乐等方法，使作品尽快变成“小热点”或“大热门”

图11-3 根据基础数据判断账号权重

名师提点

以下4种情况下账号可能会被降权：第一种，账号粉丝数在3万以下，就在账号主页留微信，且微信名标注得明目张胆；第二种，账号活跃度非常低，3天不上线，5天不发布一个作品；第三种，作品经常出现审核问题，例如发布广告、涉及违禁内容等，被抖音小助手提示；第四种，作品经常被人举报。

11.1.6 提高账号权重的六大妙招

权重不仅决定着短视频账号在平台的地位，还能在视频发布时占具多方面的优势。那么创作者应当如何科学地提高账号的权重呢？提高账号权重的六大妙招如表 11-1 所示。

表11-1 提高账号权重的六大妙招

序号	方法	原理
1	产出优质内容	优质内容是高权重的根本，也是吸引粉丝、账号长久生存的关键，还能提升视频的互动数据
2	添加热门音乐	配乐是短视频的灵魂，使用热门音乐作为配乐能得到平台的流量支持与权重扶持
3	插入热门话题	官方平台时常会推出不同的话题让创作者参与，这些热门话题包括但不限于开学季、新年等。参与官方热门话题，不仅可以增加短视频的推荐量，还能增加账号的权重
4	参与官方活动	在短视频平台中，只要创作者按照特定要求拍摄短视频，参与官方活动，就可以获得一定的权重扶持
5	@抖音小助手	在抖音中，官方很少明确表示哪些方法可以增加流量和提高权重，但是@抖音小助手是其中之一。在长期的运营过程中，短视频团队可能会发现使用这一方法获得的额外流量较少，权重提升较慢，但是对于新手创作者来说，任何一点权重的提升都是好的，所以可以多采用这一方式
6	多与粉丝互动	多与粉丝进行有效互动，如回复粉丝的评论和私信等，可以有效地提高账号的权重

想要保证账号的权重不被降低，根本方法是持续地产出优质内容。同时，多多留意平台活动，抓住每一个能提高权重的机会，同时不触犯平台的禁忌，账号的权重自然就会提升。

11.2 粉丝运营

短视频运营的最终目标是获取更多的流量，而流量的切实体现则是用户，能持续为短视频账号贡献流量的用户称为粉丝。因此，短视频运营人员需要对粉丝进行运营，即根据粉丝的行为数据，对其进行反馈和激励，并不断地提升粉丝的活跃度和体验感。

11.2.1 粉丝运营的核心目标

粉丝运营的核心目标是引导粉丝进行消费，从而实现成交的目的。成熟的粉丝运营手段能够大大提升粉丝的黏性，实现流量价值和成交价值。

在短视频领域中，所有内容产品的粉丝运营工作都是围绕着拉新、留存、促活和转化 4 个运营目标进行的。拉新与留存是为了保证粉丝规模最大化；促活是为了提高粉丝的活跃度，增强粉丝黏性和忠实度，而粉丝和创作者之间的信任关系又是促成粉丝最终转化的关键动力。

1. 拉新

拉新就是拉入新粉丝，扩大粉丝群体规模，是粉丝运营的基础。短视频的内容十分多样，更新迭代也非常快，这导致粉丝的注意力不断发生变化。因此，创作者需要不断创新，输出新鲜有趣的视频内容，吸引更多的新粉丝，以弥补流失的粉丝缺口。

2. 留存

留存是指在扩大粉丝基数后，通过各种方式，如与粉丝互动，进行小福利的派发、抽奖等，将粉丝进行最大限度保留的运营活动。短视频运营人员将粉丝聚集在粉丝群后，需要借助粉丝群，与粉丝进行多方面的沟通，了解粉丝的核心诉求，不断对短视频的内容等方面进行调整，才能留住粉丝，并吸引更多新的粉丝，为下个目标——促活做准备。

3. 促活

促活就是促进粉丝的活跃度。当粉丝留存率趋于稳定后，提升粉丝黏性与互动率则成了运营人员的工作重点。如果想让粉丝对短视频账号发自内心的喜爱，且愿意为短视频推荐的产品买单，运营人员应当整理、分类用户画像，通过多种手段，如一对一沟通回访、商品优惠券赠送等，激活与召回沉默粉丝，充分把握不同类型粉丝的心理。同时，完善粉丝激励机制，让老粉丝乐于带领新粉丝加入粉丝群体，久而久之，总结出一套成熟的“粉丝促活流程”，并不断进行更新。

4. 转化

转化就是把粉丝转化成短视频产品的最终消费者。对于运营人员来说，无论是通过广告变现、内容付费，还是电商带货实现变现，都需要将粉丝转化为实际消费者，从而创造收益。

名师提点

新用户通过各种途径关注账号后，如果没能在账号中找到感兴趣的内容，就很容易流失。因此，留存是4个运营目标中的重点，也是粉丝运营工作的核心。

11.2.2 各运营阶段的主要工作任务

随着短视频内容产品的不断发展，不同运营阶段的侧重点也不一样。从粉丝运营的发展过程来说，粉丝运营工作可以分为萌芽期、发展期及成熟期 3 个阶段，这 3 个阶段的特点及主要运营工作如下。

1. 萌芽期

萌芽期是粉丝运营的初级阶段，其重点工作是从产品的定位出发，寻找适合的受众群体。在这个过程中，由于产品的定位随时可能发生变化，因此，运营人员需要在目标群体中进一步筛选出更加匹配的用户群体，并对其忠实度进行培养，以此树立产品口碑。

在萌芽期的五大重点任务完成后，粉丝运营才能进入一个自我循环的良性过程。萌芽期的五大重点任务如图 11-4 所示。

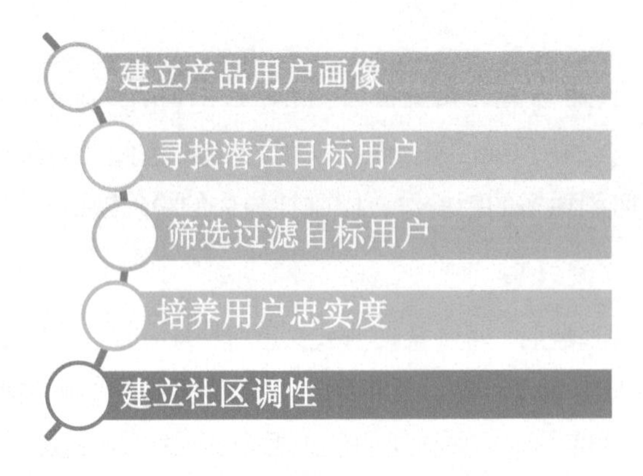

▲ 图11-4 萌芽期的五大重点任务

2. 发展期

发展期的主要任务是解决粉丝增长率、留存率及活跃度的问题。在这个阶段，运营工作可以细分为拓宽粉丝增长渠道、引导高质量内容产出，以及提升粉丝活跃度 3 个方面。

（1）拓宽粉丝增长渠道。

拓宽粉丝增长渠道可以使账号获得更多粉丝来源，其主要运营方式有两种。

第一种方式是增加内容分发渠道，覆盖更多的潜在用户，提升内容影响力。例如，增加视频分发渠道。某短视频账号原本只在 A 平台发布视频，粉丝数量为 10 万，但是如果将视频发布渠道增加到 A、B、C 共 3 个，在长期运营下，粉丝数量可能实现成倍增长。

第二种方式是打造传播矩阵，发挥账号之间的辐射作用，建立粉丝增长机制。以品牌小米为例，它先后创立了小米手机、小米有品、小米商城、米家 MIJIA 等多个账号，总粉丝数量超过 1000 万。

（2）引导高质量内容产出。

引导高质量的内容产出是提升粉丝留存率的重要手段。只有加强对内容质量的把控，重视粉丝反馈数据，并根据粉丝反馈对内容进行定向优化，才能源源不断地产出好内容，从而吸引更多的粉丝。

（3）提升粉丝活跃度。

活跃度高、黏性强的粉丝，在变现阶段更容易被转化为消费者。因此，提升粉丝活跃度就显得尤为重要。提升粉丝活跃度的方法包括以下 3 种。

第一种方法，在作品内容中添加讨论话题，加强与粉丝的情感交流，同时也可以加深粉丝对内容的印象。

第二种方法，在重要的时间节点策划运营活动，好的运营活动不仅可以提升粉丝活跃度，还可以形成二次传播，并帮助账号完成新一轮的拉新目标。

第三种方法，建立社群，将粉丝沉淀到社交平台，并通过社群收集粉丝意见和问题反馈。

3. 成熟期

内容成熟期往往是商业化变现的阶段。主流的商业化变现方式有 3 种：广告变现、电商变现、知识变现。但在商业化变现的过程中，运营人员需要重点关注粉丝对变现行为的反应，观察粉丝是否对变现行为产生反感，这要求运营人员通过各渠道收集粉丝的真实反应。

收集粉丝对商业化变现的反馈并非难事。例如，当账号在视频内容中植入广告后，运营人员可通过评论、弹幕分析粉丝的反应。某短视频账号通过西瓜数据的评论词云来观察粉丝的反应，该评论词云如图 11-5 所示。

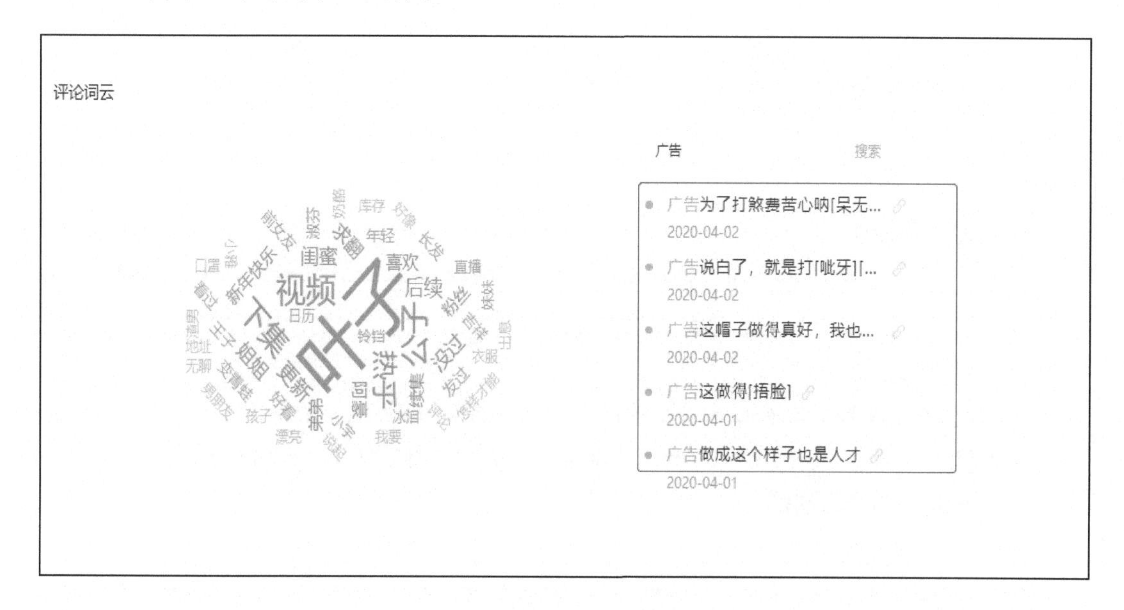

▲ 图11-5 某视频广告的评论词云

图 11-5 的评论词云显示：虽然在短视频中进行了广告植入，但粉丝的反馈依然非常不错，接受度很高，这说明账号前期对粉丝的培养非常成功，导致账号与粉丝之间的关系非常牢固。

值得运营人员注意的是，如果没有取得粉丝信任，那么频繁商业化的行为只会让粉丝产生强烈的排斥心理，甚至会摧毁粉丝与账号之间的信任感，导致大量粉丝流失。

11.2.3 获取种子用户的方法

如果将短视频账号看作一款产品，那么种子用户则相当于产品的重度使用者，他们十分积极，活跃度高，往往愿意为产品的优化提供自己的建议。种子用户还可以凭借自己的资源，吸引更多的目标用户。同时，他们也更容易成为产品的忠实粉丝。

在账号运营的初级阶段，获取更多种子用户，是运营人员的工作重心。获取种子用户的方法有 3 种，分别为增加曝光率、活动推广及线下推广。

1. 增加曝光率

增加曝光率是获取种子用户最直接、最简单的方式之一，绝大多数的运营人员都曾通过这一方式获取种子用户。增加曝光率的方法有以下 6 种。

（1）付费推广。

大部分短视频平台，都向视频创作者提供了付费推广工具。例如，抖音的“DOU +”和新浪微博的“博文头条广告”就是非常具有代表性的两款付费推广工具。其中，博文头条广告的推广原理及投放方式如图 11-6 所示。

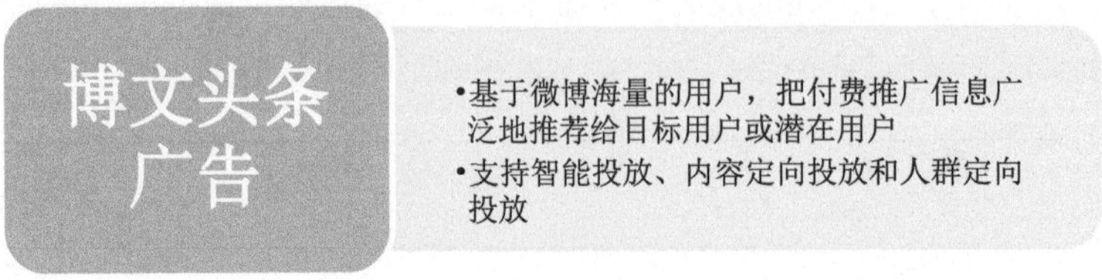

博文头条广告

- 基于微博海量的用户，把付费推广信息广泛地推荐给目标用户或潜在用户
- 支持智能投放、内容定向投放和人群定向投放

▲ 图11-6　博文头条广告

（2）多渠道发布。

多渠道同步发布短视频，可以让更多的用户注意到短视频，并增加视频的曝光率，从而引起种子用户关注。例如，创作者可以将视频同时发布到抖音、美拍、快手等平台。

（3）社交转发。

将账号发布的视频内容分享到社交软件上，通过 QQ、朋友圈、论坛等社交平台扩大短视频的传播范围。另外，也可以请粉丝体量大的播主或大 V，以及其他有影响力的人物转发视频。

（4）积极参与平台活动。

短视频平台经常会推出不同的活动，这些活动往往都带有巨大的流量。例如，抖音上的各种热门话题和挑战活动，今日头条的“青云计划”等。运营人员可以积极策划与活动相关的视频内容，参与官方活动，获得流量扶持，从而增加视频的曝光率。

（5）输出优质内容。

优质内容是稀缺的，是短视频用户乐于观看、分享的，也是短视频账号的生命线。输出优质内容，并在各个渠道同步发布，不仅能带动视频的曝光率，还能提高用户的关注度。

（6）蹭热度。

蹭热度不仅能使短视频账号获取更多的流量，还能达到获取种子用户的目的。创作与热点新闻、热点话题相关的短视频，实际上是借用热点为自己的视频引流，从而吸引到种子用户的关注。

2. 活动推广

活动推广获取种子用户也是比较常见的一种方法。获取种子用户的活动推广方式，最常见的就是转发抽奖。

转发抽奖是指创作者给用户提供礼品或优惠等，促使用户按照创作者的要求进行转发、关注等。在这种方式中，奖品设置是关键。在设置奖品时，应尽量从用户角度出发，摸准用户的喜好，提升用户参与抽奖的积极性。

3. 线下推广

线下推广是低成本、高收益的吸引目标群体的推广方式之一。生活中常见的传单发放、扫码关注送礼物等，都属于线下推广。在进行线下推广时，应尽量选择人流量较大的商圈、学校等地，以达到更好的宣传效果，贴近更多符合要求的种子用户。

11.2.4 用户日常维护

用户日常维护是指运营人员在短视频账号发展的各个阶段，与用户进行互动，积极收集用户的反馈，定期组织用户活动等。其目的是提升用户的黏性，不断转化陌生用户成为粉丝，甚至成为消费者。用户日常维护的方式有以下 3 种。

1. 评论互动

在短视频发布后，用户会对视频进行评论、点赞等。这时，运营人员就可以在评论区与用户进行互动，拉近账号与用户的距离。在评论、点赞、观看、分享、转发这几类互动中，评论的价值相对较高，因为评论互动更方便运营人员探查用户的真实想法。

同时，运营人员及时回复用户的评论，还能激发用户的热情，精选评论更可以带动更大范围用户的互动。与用户进行评论互动的案例如图 11-7 所示。

▲ 图11-7 与用户进行评论互动

2. 建立社群

建立社群是指运营人员有意识地将用户引入 QQ 群或微信群等社交平台群体中，并通过各种形式的交流来获取用户对账号的反馈，增加用户黏性。这种方式对于鼓励用户积极表达想法的作用很大，还能激励用户参与创作的热情，鼓励其成为视频内容的生产者。

注意，运营人员在建立社群前需要明确社群的管理制度，不管是社群的福利、活动，还是群管理方案都需要一一敲定下来。在建群成功后，要将用户当作伙伴、朋友来进行交流，以增强用户对账号的信任感。

3. 发送私信

运营人员还可以挑选互动频率比较高的用户，作为重点培养对象，增加对对方的关注度，并跟进评论等。同时，也可以通过同样的方式，激活那些突然降低活跃度或是活跃不频繁的用户。这样“一对一”的方式可以使用户在评论区起到带头作用，活跃评论区的氛围。

11.3 短视频账号运营效果数据分析

数据是科学指导运营工作的重要指标，是将抽象工作具象化的重要工具。短视频的数据指标则是判定视频传播效果，对视频进行优化改进的必要依据之一。

11.3.1 判定运营效果的常用指标

短视频内容发布后，运营人员需要通过数据分析来指导下一步的工作，如内容优化、团队优化等。

判定短视频账号运营效果的常用指标有点击率、评论率、转发率、收藏率和涨粉量。运营人员应当培养对这五大指标的敏感度，并依据指标数据开展运营工作。这五大指标的含义与作用如图 11-8 所示。

点击率 指视频被点击的次数（以下简称点击量）与视频播放总次数（以下简称播放量）的比例

- 点击率=点击量÷播放量×100%
- 点击率一般用来衡量视频对用户的吸引程度与该视频的受关注程度

评论率 指视频的评论量与播放量的比例

- 评论率=评论量÷播放量×100%
- 评论率可以反映视频选题的受欢迎程度与用户对视频话题的讨论欲望

转发率 指视频的转发量与播放量的比例

- 转发率=转发量÷播放量×100%
- 转发率是体现用户分享行为的直观指标，同时反映用户对视频所表达的观点的认可程度，或对视频内容是否产生了共鸣。另外，转发率高的视频，通常带来的新增用户量较多

收藏率 指视频的收藏次数（以下简称收藏量）与播放量的比例

- 收藏率=收藏量÷播放量×100%
- 用户收藏的初衷是再次观看视频，所以收藏率能够反映出用户对短视频价值的肯定程度。在短视频平台中，美食、美妆、健身等方面视频的收藏率一般比较高

涨粉量 指视频发布后新增关注的用户数量，但同时还要减去取消关注的用户数量，所以涨粉量是新增关注用户数减去取消关注用户数的结果

- 涨粉量能在一定程度上体现该条短视频对账号粉丝数量的影响

▲ 图11-8 短视频账号运营效果的五大判定指标

11.3.2 短视频账号数据分析

在运营短视频账号的过程中，运营者要想准确判断和了解账号运营的效果，就需要分析相关数据。下面以第三方数据分析工具“飞瓜数据”为例，介绍抖音账号的数据分析方法。

要对抖音账号进行数据分析，首先需要登录“飞瓜数据抖音版”，然后在“飞瓜数据抖音版”中查看抖音账号的数据详情，具体的操作步骤如下。

步骤1 进入“飞瓜数据抖音版”工作台，依次❶单击“播主查找”→“播主搜索”按钮，❷在搜索栏中输入搜索关键词或直接输入账号名称，❸单击“搜索”按钮，如图11-9所示。

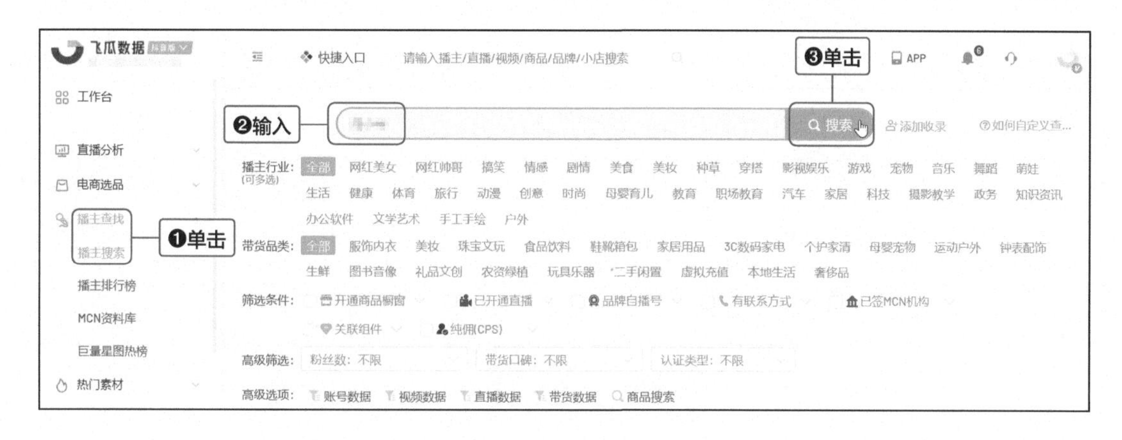

▲ 图11-9 搜索抖音账号

步骤2 在搜索结果页面，选择需要查看数据的抖音账号，单击该抖音账号后面的“播主详情”按钮，以查看该抖音账号的数据详情，如图11-10所示。

▲ 图11-10 单击“播主详情”按钮

步骤3 进入账号数据详情页面后，在“数据概览”选项卡中，可以全面评估账号的运营情况。例如，可以查看抖音账号的涨粉数据、视频数据、直播数据和带货数据等基础的数据信息，如图11-11所示。通过这些数据，运营人员能够对该抖音账号的运营情况有一个大致的了解。

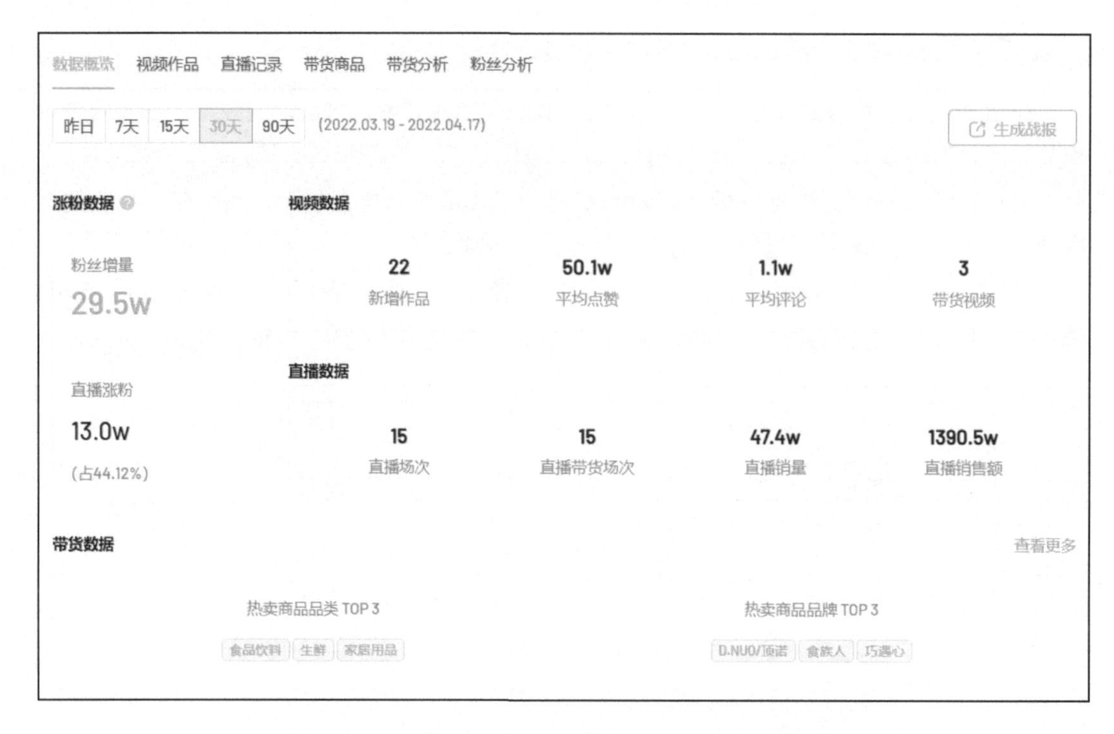

▲ 图11-11 “数据概览”选项卡中的抖音账号基础数据

步骤4 向下滑动页面，可以在“粉丝趋势”板块中查看抖音账号粉丝数的增量或总量的变化趋势，如图 11-12 所示。通常来说，当粉丝增量为正数时，账号的粉丝总量会随之增加。如果将鼠标指针停留在趋势图的某个位置，还能查看某一天的具体粉丝数。

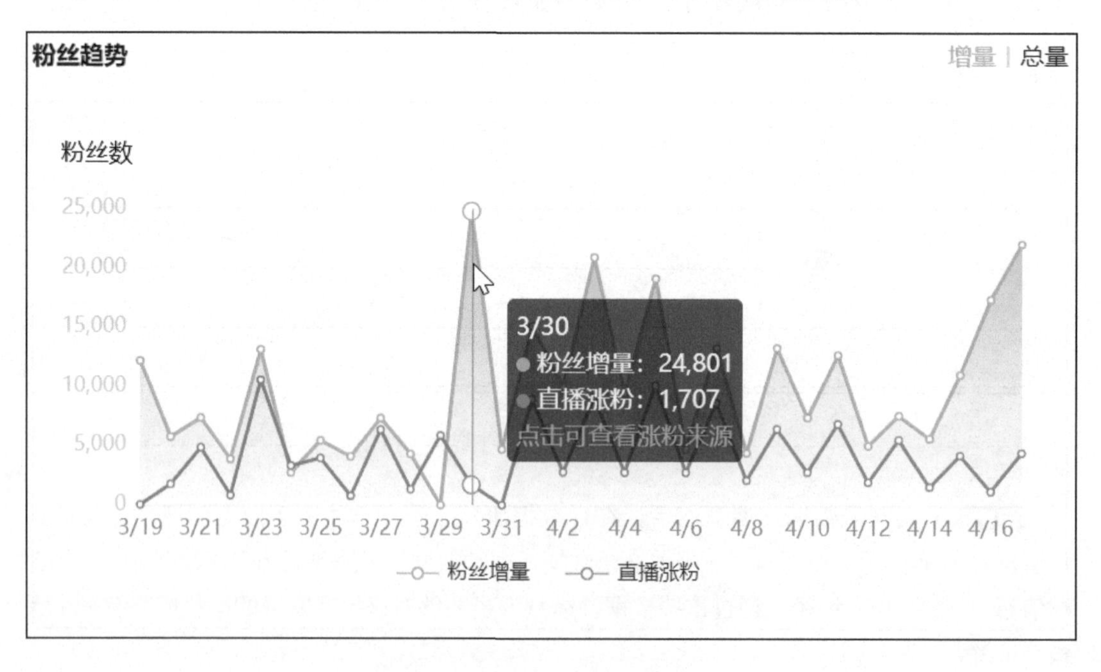

▲ 图11-12 “粉丝趋势”板块

步骤5 继续向下滑动页面，可以在“点赞趋势”板块中查看抖音账号点赞数的增量或总量的变化趋势，如图 11-13 所示。通常来说，当点赞增量为正数时，账号的点赞总量会随之增加。同样，如果将鼠标指针停留在趋势图的某个位置，能够查看某一天的具体点赞数。

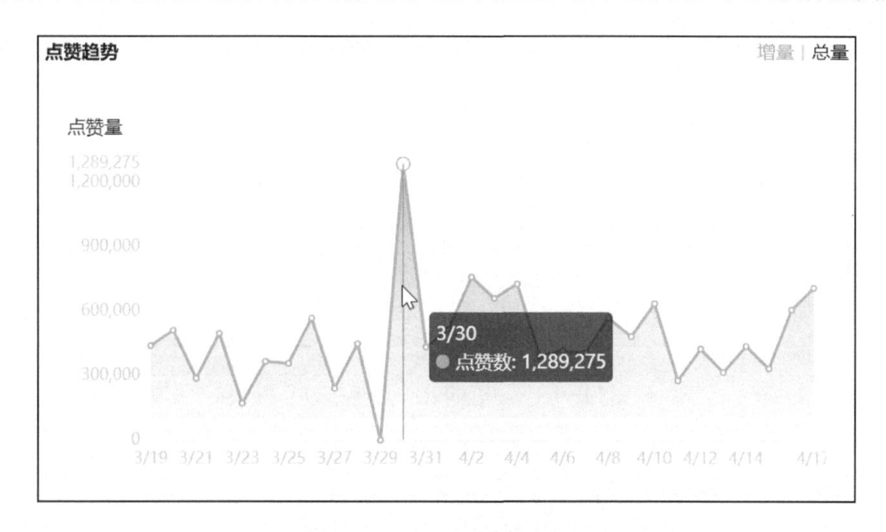

▲ 图11-13 “点赞趋势”板块

步骤6 继续向下滑动页面，可以在“评论趋势”板块中查看抖音账号评论数的增量或总量的变化趋势，以判断账号与粉丝之间的互动情况，如图 11-14 所示。通常来说，评论增量为正数时，账号的评论总量增加，说明粉丝的参与积极性很高。同样，如果将鼠标指针停留在趋势图的某个位置，能够查看某一天的具体评论数据。

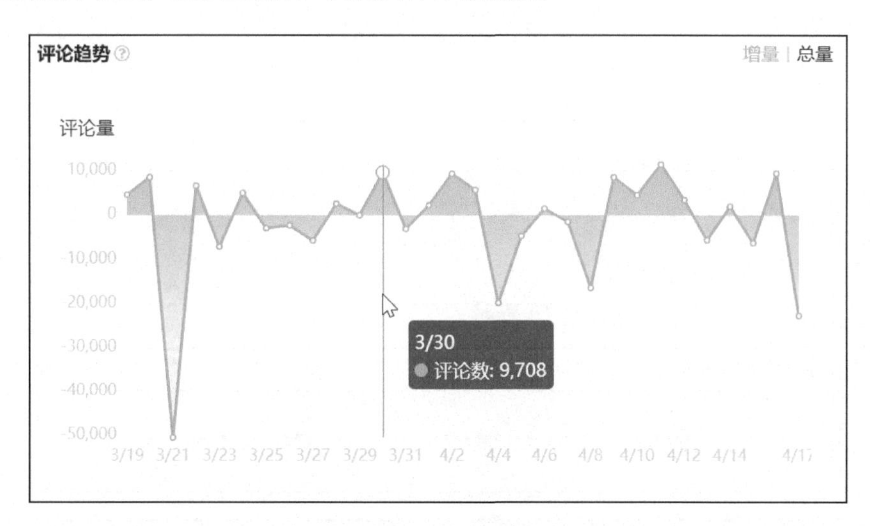

▲ 图11-14 “评论趋势”板块

步骤7 在页面最后的“近期 10 个作品表现”板块中，还可以查看账号近 30 天内发布的 10 个作品的点赞量和评论量变化，如图 11-15 所示。同样，如果将鼠标指针停留在图中的某个位置，能够查看某一天的点赞量和评论量。

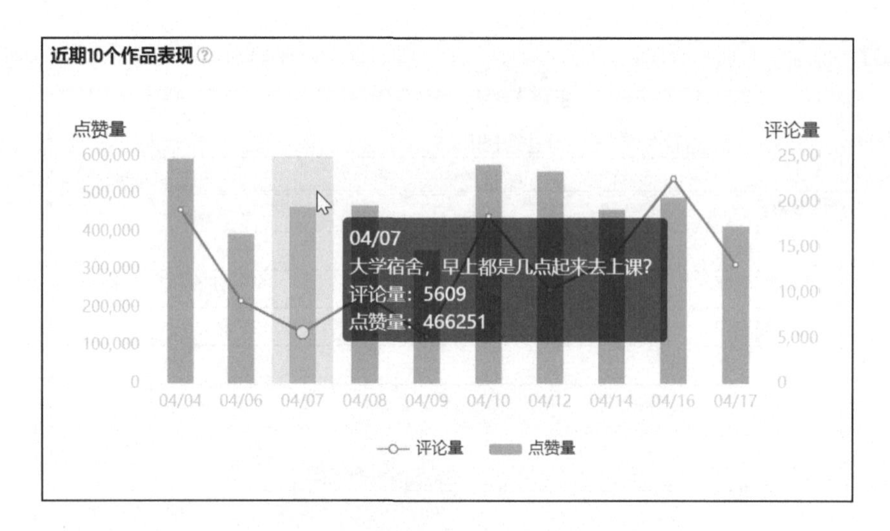

▲ 图11-15 “近期10个作品表现”板块

11.3.3 短视频作品数据分析

短视频作品数据分析就是对短视频账号发布的内容进行相关的数据分析。同样以“飞瓜数据”为例，对某抖音账号发布的作品进行数据分析。按照 11.3.2 小节中的操作方法，进入某抖音账号的详情页面，切换到“视频作品”选项卡。在“飞瓜数据”中，“视频作品”选项卡中包括视频数据、视频列表和视频分析 3 个板块。

1. “视频数据”板块

“视频数据”板块中可以查看视频数、平均点赞、平均评论、平均分享等数据，如图 11-16 所示。

▲ 图11-16 “视频数据”板块

在“视频数据”板块中还可以查看今天、昨天、7 天、30 天、90 天等时间段的视频数据。单击“视频数据”旁边的“设置”按钮，可以自定义选择 8 个关键数据进行查看，如图 11-17 所示。

▲ 图11-17　自定义视频数据

2. “视频列表”板块

在“视频数据”板块下方是“视频列表”板块和“视频分析”板块。在“视频列表”板块中可以查看已发布视频的点赞、评论和分享数据，还可以在搜索栏中输入关键词搜索包含该关键词的视频作品，如图 11-18 所示。

▲ 图11-18　“视频列表”板块

在“视频列表”板块展示的每条视频作品后面都有两个按钮，单击第一个按钮，可以查看视频详情；单击第二个按钮，可以播放视频。

3. “视频分析”板块

在“视频分析”板块中可以分别对视频发布时间分布、视频时长分布、评论热词分布以及提及账号分布等数据进行分析。例如，图 11-19“视频分析”板块的数据展示，可以让运营人员知道该抖音账号的视频发布时间主要集中在每天的 16:00 ～ 18:00；视频时长通常为 1 ～ 3 分钟；评论热词主要包括“观察”“喜欢”“真好”等。

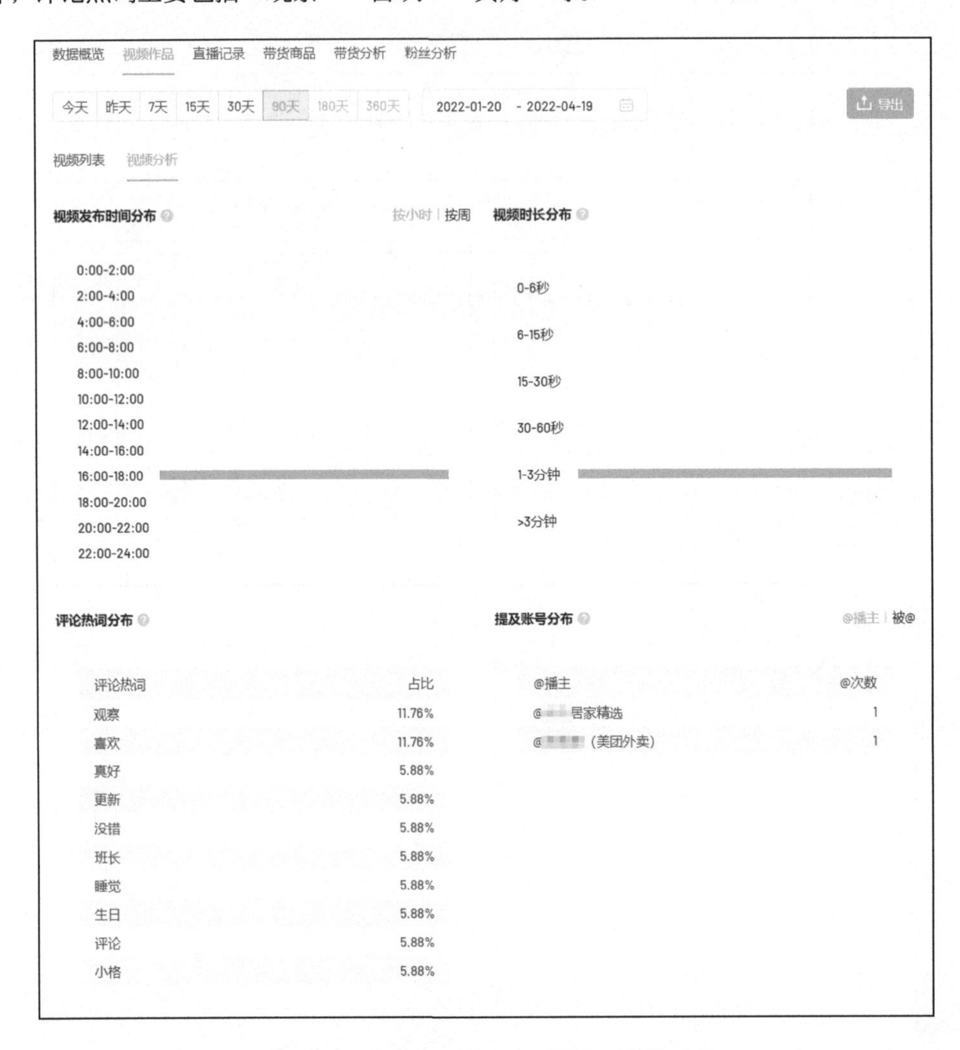

▲ 图11-19　某抖音账号的“视频分析”板块

11.3.4　分析相近题材短视频的数据

在短视频账号运营的初级阶段，运营人员可以通过与自身账号定位类似的账号进行数据对比，来评判自己的短视频播放与推广效果。运营人员在进行这项对比工作时，可以借助飞瓜数据、卡思数据等数据平台获取数据。可以从以下两个方面进行对比分析。

- 从对方账号的用户画像入手，分析对方用户的性别、年龄、地域等数据。
- 分析相近题材短视频在平台中的受欢迎程度、受众人群基数，以及同领域排名靠前的账号的粉丝数、点赞量、评论量等数据。

数据获取后，可进行整合汇总、处理，将其绘制成具体的条形图或折线图，并将自身数据与目标数据进行对比，分析在题材相近的情况下，为什么对方的作品能成为爆款，从而在后续的短视频制作过程中，做到“取其精华，去其糟粕”。

11.3.5 分析爆款短视频的数据

爆款短视频无疑是所有短视频创作者的最好范例，创作者可以模仿其拍摄手法，借鉴其创意，学习其剪辑技术。此外，爆款短视频的数据也十分值得运营人员参考。

爆款短视频的各项数据，往往优于普通短视频，运营人员可通过相关渠道，获得当天或当月的爆款短视频名单及其数据，包括点赞率、转发率、评论率、收藏率、点击率、涨粉量等。

依据数据分析该作品为什么能成为爆款视频，是进行了新颖的选题策划，是选用了讨喜的演员，是融入了热门内容，还是在热门时间段进行了发布，等等。数据体现出的细节都是至关重要的运营信息。根据数据找到问题的根节点，然后对症下药，优化短视频的内容或运营方案。

11.4 高手私房菜

1. 抖音账号被平台降权后应当如何补救

抖音平台中的流量十分庞大，相应地，其规则也十分严格。如果抖音账号因操作不当被降权，创作者该如何补救呢？在实际操作中，需要根据实际情况采取相应的应对方法。

（1）中途降权。

中途降权是创作者遭遇较多的一种情况。遇到这种情况，创作者应在第一时间删除违规短视频，之后坚持发布高品质的原创作品。若违规严重，则需要花费较长的“冷却时间”来改变现状。其间，需要持续到抖音平台进行申诉，让抖音官方看到账号已经进入正常状态，且能够持续输出高品质的视频内容。只要坚持下来，权重恢复就是有可能的。

（2）降权为“僵尸号”。

如果账号降权为“僵尸号”，建议注销后重新注册账号，因为对于“僵尸号”，平台不会给予任何推荐，即使是账号的好友也不推荐。

2. 了解抖音购物的四大心理模式

抖音带货是当下十分火热的商业模式，它拥有超强的感染力，能针对目标用户进行推送，再加上一定的价格优势，吸引了许多创作者投身其中。抖音带货成功的关键之一就是把握住了用户的购物心理。笔者总结了短视频平台用户的四大购物心理模式，具体如下。

- 求廉心理。抖音商品的价格往往比市面上的同类型产品价格更优惠，而用户在选择产品时，价格是重要的考虑因素。因此，价格低廉的抖音商品十分容易获得消费者的青睐。
- 试错成本低。由于价格上的优势，购买抖音商品的试错成本并不高，或是与同类商品相比，试错成本更低。此时，用户哪怕觉得商品并没有那么好，但是因为好奇或有一定的需求，也会愿意为商品买单。

- 猎奇心理。平台上的商品往往比较新奇，同时，商品依托短视频媒介，其展现形式也很新颖，用户往往抱着猎奇心理去下单。
- “羊群”效应。大多情况下，推荐商品的短视频评论区充斥大量的好评，且置顶评论的点赞量都很高，这看起来十分具有真实性，因此容易引导用户跟风消费。

根据用户的购物心理进行选品、宣传等，账号带货的成功率会更高。

3. 扶持加权福利是什么？如何获得扶持加权

当抖音平台中两个定位相似、水平相当的账号同时发布短视频作品时，平台为二者分配的流量却并不是相等的，可能存在A账号获得500流量，而B账号却获得1000流量的情况。究其原因，是B账号的短视频风格、内容更符合平台的喜好，于是该账号获得更多的流量，这也就意味着“更高的权重”，这就是扶持加权福利。事实上，任何一个账号都有机会得到平台的扶持与加权。那么，平台是如何为账号扶持加权的呢？

第一，大环境热度加权。平台会根据一段时间内排行榜中的热点话题、热点词、热点人物等，自动为内容相关的短视频提高权重，增加曝光量。

第二，单视频热度加权。评判短视频热度的数据指标为完播率、点赞量、评论量、转发量。当短视频作品获得热度加权，且达到一定的数据标准后，平台还会继续为账号引入更多的流量。

第三，特定内容扶持加权。平台会直接为特定内容，如竖屏移动端原创短视频作品，高质量画面与配音作品，主题明确、内容丰富的短视频作品，以及结合抖音官方推送的热门话题的作品进行扶持加权。创作者可根据这几种作品类型进行优质内容创作，以获得更多的曝光量。